高职高专教育土建类专业

顶岗实习标准（一）

高职高专教育土建类专业教学指导委员会　编

中国建筑工业出版社

图书在版编目（CIP）数据

高职高专教育土建类专业顶岗实习标准（一）/高
职高专教育土建类专业教学指导委员会编. —北京：
中国建筑工业出版社，2015.12
ISBN 978-7-112-18791-1

Ⅰ.①高… Ⅱ.①高… Ⅲ.①土木工程-实习-高等
职业教育-教材 Ⅳ.①TU-45

中国版本图书馆 CIP 数据核字（2015）第 281407 号

责任编辑：朱首明 刘平平
责任设计：李志立
责任校对：李美娜 关 健

高职高专教育土建类专业顶岗实习标准 （一）
高职高专教育土建类专业教学指导委员会 编
*
中国建筑工业出版社出版、发行（北京西郊百万庄）
各地新华书店、建筑书店经销
北京红光制版公司制版
北京圣夫亚美印刷有限公司印刷
*
开本：787×1092 毫米 1/16 印张：6½ 字数：155 千字
2015 年 12 月第一版 2015 年 12 月第一次印刷
定价：**18.00** 元
ISBN 978-7-112-18791-1
（27958）

前　言

为了推动土建类专业校企合作、工学结合人才培养模式改革，保证顶岗实习效果，提高人才培养质量，高职高专教育土建类专业教学指导委员会组织研究制定了建筑装饰工程技术、城乡规划、建筑工程技术、工程造价、供热通风与空调工程技术、给排水工程技术和物业管理 7 个土建类高职专业的顶岗实习标准。

各专业顶岗实习标准的主要内容是：总则、术语、实习基地条件、实习内容与实施、实习组织管理。

土建类专业顶岗实习标准依据专业能力和知识的基本要求制定，明确了土建类专业顶岗实习的目标与任务、内容与要求、考核与评价等内容，是高等职业教育土建类专业顶岗实习的指导性文件，适用于以普通高中毕业生为招生对象、三年学制的土建类专业。

土建类专业顶岗实习标准是根据住房和城乡建设部人事司的要求，在高职高专教育土建类专业教学指导委员会的组织下，各专业教学分指导委员会和有关院校、行业企业专家共同完成的。各专业主要执笔人为：建筑装饰工程技术专业孙亚峰、张鹏，城乡规划专业徐哲民、桑轶菲，建筑工程技术专业赵研、冯光灿，工程造价专业袁建新、侯兰，供热通风与空调工程技术专业陈宏振、高文安，给排水工程技术专业谭翠萍、边喜龙，物业管理专业陈锡宝、黄亮。吴泽、胡兴福、张建新拟定了框架体例、编写了附录，并负责统稿。

高职高专教育土建类专业教学指导委员会向所有参与人员表示衷心感谢，并希望全国各有关院校能够在本文件的指导下，进行积极的探索和深入的研究，为不断完善顶岗实习运行管理和实习基地建设做出自己的贡献。

高职高专教育土建类专业教学指导委员会

二〇一五年十月

目　　录

高职高专教育建筑装饰工程技术专业

顶岗实习标准

1. 总　　则

1.0.1　为了推动建筑装饰工程技术专业校企合作、工学结合人才培养模式改革，保证顶岗实习效果，提高人才培养质量，特制定本标准。

1.0.2　本标准依据建筑装饰工程技术专业学生的专业能力和知识的基本要求制定，是《高职高专教育建筑装饰工程技术专业教学基本要求》的重要组成部分。

1.0.3　本标准是学校组织实施建筑装饰工程技术专业顶岗实习的依据，也是学校、企（事）业合作建设建筑装饰工程技术专业顶岗实习基地的标准。

1.0.4　建筑装饰工程技术专业顶岗实习应达到的教学目标是：

（1）使学生了解建筑装饰工程的整体流程，具备建筑装饰装修工程的施工组织与管理、施工图绘制、装饰工程造价、材料采供与管理、工程信息管理等能力。

（2）具有严谨的工作态度和团队协作、吃苦耐劳的精神，爱岗敬业、遵纪守法，自觉遵守职业道德和行业规范。

（3）培养学生具备自主学习、独立分析问题和解决问题的能力。

（4）具有较强的与客户交流沟通的能力、良好的语言表达能力。

1.0.5　建筑装饰工程技术专业的顶岗实习，除应执行本标准外，尚应执行《高职高专教育建筑装饰工程技术专业教学基本要求》中的有关规定。

2. 术　语

2.0.1　顶岗实习

指职业院校根据专业培养目标要求，组织学生以准员工的身份进入企（事）业等单位专业对口的工作岗位，直接参与实际工作过程，完成一定工作任务，以获得初步的岗位工作经验、养成良好职业素养的一种实践性教学形式。

2.0.2　顶岗实习基地

指具有独立法人资格，具备接受一定数量学生顶岗实习的条件，愿意接纳顶岗实习，并与学校具有稳定合作关系的企（事）业等单位。

2.0.3　实习指导教师

指专门负责学生顶岗实习指导、管理的学校教师和企（事）业有经验的专业技术人员。

2.0.4　实习协议

是按照《中华人民共和国职业教育法》及各省、市、自治区劳动保障部门的相关规定，由学校、企业、学生达成的实习协议。

3. 实 习 基 地 条 件

3.1 一 般 规 定

3.1.1 学校应建立稳定的顶岗实习基地。顶岗实习基地应建立在符合顶岗实习条件、自愿接纳顶岗实习的企业。

3.1.2 顶岗实习基地应具备以下基本条件：

(1) 有专门的实习管理机构和管理人员。

(2) 有健全的实习管理制度。

(3) 有完备的劳动安全保障和职业卫生条件。

3.1.3 顶岗实习基地建设分为一般型实习基地和紧密型实习基地。

3.1.4 顶岗实习应以实际工程项目为依托，以实际工作岗位为载体，侧重于学生实践能力的培养。

3.1.5 实习基地建设管理要依据专业建设规划、教学计划、实习大纲等要求，校企共同负责基地的建设与管理工作。

3.2 资 质 与 资 信

3.2.1 顶岗实习基地企业资质应满足以下要求：

(1) 具有建筑装饰装修工程设计与施工三级及以上。

(2) 具有建筑装饰工程设计专项资质丙级及以上。

(3) 具有建筑幕墙工程设计与施工二级及以上。

3.2.2 顶岗实习基地企业资信应满足以下要求：

(1) 实习单位的营业执照，资质证书，安全生产许可证，税务登记证，组织机构代码齐全，内容真实正确。

(2) 实习单位近三年无重大人为安全事故。

(3) 企业信用等级优良（A级及以上），业界评价好。

3.3 场 地 与 设 施

3.3.1 校外实训基地应能提供施工员、室内装饰设计员、质量员、安全员、材料员、资料员、造价员等岗位，并宜对学生实施轮岗实训。

3.3.2 校外实训基地应具备满足学生实训的场所和相应的办公、食宿条件，并配置专业技术人员指导学生实训。

3.3.3 校外实训场地应设立安全指示标识，工程项目的设施符合施工安全规范，提供必需的劳动防护用品，保证学生顶岗实习的现场安全。

3.4 岗 位 与 人 员

3.4.1 校外实训基地接受实习的学生人数少于5人，企业应安排不少于1名专业技术人员进行指导。

3.4.2　校外实训基地接受实习的学生人数 10 人以上，企业应成立实习指导小组，对学生进行分组，指定企业的指导老师，并安排轮岗实训。

3.4.3　校外实训基地接受实习的学生人数 30 人以上，企业应成立实习指导小组，学校须派专门教师进驻企业，学校和企业共同管理学生。

4. 实习内容与实施

4.1 一般规定

4.1.1 学校应根据顶岗实习内容选择适宜的工程项目。

4.1.2 顶岗实习的内容和时间安排应与专项技能实训、综合实训有机衔接。

4.1.3 顶岗实习岗位应以建筑装饰施工员为主要岗位，并宜包括造价员、资料员、材料员、质量员、安全员、设计员等岗位。

4.1.4 学校应与企业共同制定学生顶岗实习方案和计划，并认真落实。

4.2 实习时间

4.2.1 顶岗实习时间不应少于一学期，宜安排在第三学年第二学期。各学校宜利用假期等适当延长顶岗实习时间。

4.2.2 各岗位实习时间应不少于 1 个月。轮岗实训周期应结合具体工程项目进行安排。

4.2.3 各院校顶岗实习开始和结束的时间可以根据各学校教务方面的实际要求进行安排，需要考虑学生毕业设计、答辩和毕业展览的时间。

4.3 实习内容及要求

4.3.1 建筑装饰施工员岗位的实习内容及要求应符合表 4.3.1 的要求。

施工员岗位的实习内容及要求   表 4.3.1

序号	实习项目	实习内容	实习目标	实习要求
1	建筑装饰装修工程施工技术管理	（1）参与编制施工方案、进行施工组织设计及策划； （2）参与图纸会审与技术交底； （3）参与现场施工技术管理； （4）协同进行质量、安全与环境管理； （5）主动学习，根据现场实际情况，综合各方面影响因素，提出解决方案	（1）掌握建筑装饰装修构造与工程施工技术与管理知识； （2）具有较强的建筑装饰装修工程主要工种的操作能力、施工组织方案设计和指导各分项工程施工能力	（1）岗位实习时间不少于 1 个月； （2）企业指导老师指导为主； （3）在工程项目现场直接参与项目工作； （4）具有严谨的工作态度和团队协作、吃苦耐劳的精神，遵守行业规范； （5）完成项目报告、实习日志

4.3.2 造价员岗位的实习内容及要求应符合表 4.3.2 的要求。

造价员岗位的实习内容及要求

表 4.3.2

序号	实习项目	实习内容	实习目标	实习要求
1	建筑装饰装修工程造价	(1) 应用有关计量计价软件; (2) 编制工程预算; (3) 编制投标报价; (4) 装饰装修工程的工料和成本控制分析; (5) 编制工程竣工结算; (6) 与相关部门协调配合	(1) 掌握建筑装饰装修工程计量与计价的知识; (2) 具有较强的中小型建筑装饰装修工程预决算编制能力、工程成本控制分析能力和编制投标经济标的能力	(1) 岗位实习时间不少于1个月; (2) 学校和企业指导老师联合指导; (3) 在办公室或项目现场直接参与项目工作; (4) 具有严谨的工作态度和团队协作、吃苦耐劳的精神,遵守行业规范; (5) 完成项目报告、实习日志

4.3.3 资料员岗位的实习内容及要求应符合表 4.3.3 的要求。

资料员岗位的实习内容及要求

表 4.3.3

序号	实习项目	实习内容	实习目标	实习要求
1	建筑装饰装修工程信息管理	(1) 收集与整理建筑装饰工程施工资料、监理资料与整理工程质量、安全、进度等资料; (2) 竣工验收文件的编制与整理; (3) 编制与管理施工资料,进行资料归档、保管、移交等管理工作	(1) 掌握建筑装饰装修工程技术资料管理的知识; (2) 具有熟练的建筑装饰装修工程技术资料的收集与整理能力	(1) 岗位实习时间不少于1个月; (2) 学校和企业指导老师联合指导; (3) 在办公室和项目现场全过程收集资料; (4) 具有严谨的工作态度和团队协作、吃苦耐劳的精神,遵守行业规范; (5) 完成项目报告、实习日志

4.3.4 材料员岗位的实习内容及要求应符合表 4.3.4 的要求。

材料员岗位的实习内容及要求

表 4.3.4

序号	实习项目	实习内容	实习目标	实习要求
1	建筑装饰装修材料采供与管理	(1) 装饰材料的询价、采购; (2) 对装饰材料进行质量检测,判别常用建筑装饰材料的质量等级,并确认其规格指标; (3) 装饰材料验收及管理,根据施工规范进行材料检验批的抽样送检; (4) 对建筑装饰材料进场、验收、抽样、送检、分类、存储、保管、发放、回收等进行综合管理; (5) 进行协调沟通,团队合作,顺利开展工作	(1) 掌握建筑装饰装修材料采供、管理与运用的知识; (2) 具有建筑装饰装修材料应用、采购和管理的能力	(1) 岗位实习时间不少于1个月; (2) 企业指导老师指导为主; (3) 在办公室、材料市场、项目现场直接参与项目工作; (4) 具有严谨的工作态度和团队协作、吃苦耐劳的精神,遵守行业规范; (5) 完成项目报告、实习日志

4.3.5 质量员岗位的实习内容及要求应符合表4.3.5的要求。

质量员岗位的实习内容及要求 表 4.3.5

序号	实习项目	实习内容	实习目标	实习要求
1	建筑装饰装修工程质量管理	（1）确定检验批，进行分项工程、分部工程、单位工程的检验； （2）进行装饰工程施工现场质量控制； （3）编制单位工程检验文件及质量管理的规章制度； （4）进行建筑装饰工程施工质量控制资料核查	（1）掌握建筑装饰装修工程施工质量管理与检验的知识； （2）具有较强的建筑装饰装修工程施工质量控制和质量检验的能力	（1）岗位实习时间不少于1个月； （2）企业指导老师指导为主； （3）在项目现场直接参与项目工作； （4）具有严谨的工作态度和团队协作、吃苦耐劳的精神，遵守行业规范； （5）完成项目报告、实习日志

4.3.6 安全员岗位的实习内容及要求应符合表4.3.6的要求。

安全员岗位的实习内容及要求 表 4.3.6

序号	实习项目	实习内容	实习目标	实习要求
1	建筑装饰装修工程安全管理	（1）参与编制建筑装饰工程项目安全生产安全管理计划、专项方案、应急预案并实施； （2）对施工现场施工机械、临时用电及劳保用品进行安全符合性判断； （3）识别危险源并进行安全交底； （4）对施工现场安全标识、设施、设备进行检查和管理； （5）参与安全事故救援和处理； （6）收集、整理安全检查和管理资料	（1）掌握建筑装饰装修工程施工安全管理的知识； （2）具有较强的建筑装饰装修工程施工安全检查与管理的能力	（1）岗位实习时间不少于1个月； （2）企业指导老师指导为主； （3）在项目现场直接参与项目工作； （4）具有严谨的工作态度和团队协作、吃苦耐劳的精神，遵守行业规范； （5）完成项目报告、实习日志

4.3.7 室内装饰设计员岗位的实习内容及要求应符合表4.3.7的要求。

室内装饰设计员岗位的实习内容及要求 表 4.3.7

序号	实习项目	实习内容	实习目标	实习要求
1	建筑装饰装修设计与效果图、施工图绘制	（1）识读并正确领会建筑装饰施工图纸，并能准确引用标准图集； （2）设计草图表现，绘制空间透视图，手绘效果图表现； （3）运用软件绘制效果图，绘制建筑装饰施工图； （4）编制装饰工程图技术文件	（1）掌握建筑装饰装修工程制图、识图和装饰设计知识； （2）具有中小型装饰装修工程方案设计、方案效果图设计、施工图绘制能力	（1）岗位实习时间不少于1个月； （2）学校和企业指导老师联合指导； （3）在办公室直接参与项目设计与绘图工作； （4）具有严谨的工作态度和团队协作、吃苦耐劳的精神，遵守行业规范； （5）完成项目报告、实习日志

4.4 指 导 教 师 配 备

4.4.1 顶岗实习必须配备一定数量的校内指导教师和企业指导教师,共同管理和指导学生顶岗实习,且应以企业指导教师指导为主。

4.4.2 各校应根据学生人数合理配置校内指导教师,每班宜配置1~2名校内指导教师,负责顶岗实习全过程管理及指导。校内指导教师应满足以下要求:

(1) 具有扎实的建筑装饰专业理论知识和丰富的建筑装饰装修工程实践经验。

(2) 具有一定的管理能力,且具备中级及以上职称的"双师型"教师。

4.4.3 各实习基地应根据各自单位的具体岗位、实习学生人数等情况合理配置一定数量的企业指导教师,每个实习基地的一个岗位至少配置1名企业指导教师。企业指导教师应在建筑装饰装修工作岗位工作不少于5年,且具有丰富的岗位工作经验。

4.5 实 习 考 核

4.5.1 学校应与顶岗实习基地(岗位)共同建立对学生的顶岗实习考核制度,共同制定实习评价标准。

4.5.2 顶岗实习考核应由学校组织,学校、企业、学生共同实施,以企业考核为主。企业指导老师根据学生实习期间的表现进行学生成绩的评定,并且具有一票否决的权力;校内指导教师根据学生顶岗实习汇报、答辩情况,以及提交的实习日志、实习报告、实习鉴定表及参与项目完成的作品、图纸的完成质量,进行成绩评定。

4.5.3 学生顶岗实习最终成绩企业评定成绩占60%,校内指导教师评定成绩占30%(学生的实习表现占20%、实习日志及实习报告质量占20%、实习答辩情况占40%、实习作业占20%,四个方面综合评定学生的实习成绩),学生自评占10%,综合计算。按优、良、中、及格、不及格五级评定。

5. 实习组织管理

5.1 一般规定

5.1.1 学校、企业和学生本人应订立三方协议，规范各方权利和义务。

5.1.2 学生实习期间，必须按国家有关规定购买意外伤害保险。

5.1.3 顶岗实习前，学校、顶岗实习基地应对学生进行以下教育培训：

（1）学校应对学生进行实习动员和安全文明教育，动员时间不少于2学时。

（2）顶岗实习基地应在实习前进行实习项目的基本操作规程和安全文明生产教育，时间不少于4学时。

5.1.4 学校与实习基地应共同建立顶岗实习组织管理机构，共同制定顶岗实习计划，共同负责组织、管理、安排和协调学生顶岗实习事宜。

5.2 各方权利和义务

5.2.1 学校应享有的权利和应履行的义务是：

（1）进行顶岗实习基地的规划和建设，根据专业性质的不同，建立数量适中、布点合理、稳定的顶岗实习基地。

（2）根据专业培养方案，为学生提供符合要求的顶岗实习岗位。

（3）全面负责顶岗实习的组织、实施和管理。

（4）配备责任心强、有实践经验的顶岗实习指导教师和管理人员。

（5）对顶岗实习基地（单位）的指导教师进行必要的培训。

（6）根据顶岗实习单位的要求，优先向其推荐优秀毕业生。

5.2.2 顶岗实习基地（单位）应享有的权利和应履行的义务是：

（1）建立顶岗实习管理机构，安排固定人员管理顶岗实习工作，并选派有经验的专业务人员担任顶岗实习指导教师，承担业务指导的主要职责。

（2）负责对顶岗实习学生工作时间内的管理。

（3）参与制定顶岗实习计划。

（4）为顶岗实习学生提供必要的住宿、工作、学习、生活条件，提供或借用劳动防护用品。

（5）享有优先选聘顶岗实习学生的权利。

（6）依法保障顶岗实习学生的休息休假和劳动安全卫生。

5.2.3 顶岗实习学生应享有的权利和应履行的义务是：

（1）遵守国家法律法规和顶岗实习基地（单位）规章制度，遵守实习纪律。

（2）服从领导和工作安排，尊重、配合指导教师的工作，及时吸收实习的反馈意见和建议，与顶岗实习基地（单位）员工团结协作。

（3）认真执行工作程序，严格遵守安全操作规程。

（4）依法享有休息休假和劳动保护权利。

（5）遵守保密规定，不泄露顶岗实习基地（单位）的技术、财务、人事、经营等机密。

（6）学生在顶岗实习期间所形成的一切工作成果均属顶岗实习基地（单位），将其应用于顶岗实习工作以外的任何用途，均需顶岗实习基地（单位）的同意。

5.3 实习过程管理

5.3.1 可以根据专业性质和实习方式的不同，采取全程指导和巡回指导相结合的方式。采取全程指导方式原则上应安排专职指导老师进行实地指导；采取巡回指导方式的指导老师可采取现代通信方式与实地探访相结合的方式进行指导。原则上校外指导教师应采取全程指导方式，校内指导教师宜采取巡回指导方式。

5.3.2 无论采取何种指导方式，指导老师均应作好指导记录。校内指导教师采取邮件、QQ 等联络的，应保留原始文字记录；采取实地探访的每次要有与学生及企业领导或企业指导老师等人在企业现场的合影，并记录每次的指导过程、指导内容等情况。

5.3.3 校内指导教师按照学院要求每周至少和学生联系一次，负责对学生实习期间的专业技能进行指导，解答学生实习中遇到的问题，走访学生实习企业，实地了解学生实习情况，对实习中出现的问题及时上报，督促和帮助学生就业。

5.3.4 校内指导教师应及时与实习单位指导老师或相关领导沟通，掌握学生的实习动态，加强实习学生的安全教育、思想政治教育和遵纪守法教育，使实习生保持良好的心态和工作态度。

5.3.5 顶岗实习学生不得随意更换实习单位。学生更换实习单位，必须提前一周和校内指导老师联系，确定好新的实习单位并经老师同意后，方可更换。

5.4 实习安全管理

5.4.1 学校和实习单位在学生顶岗实习期间，应当维护学生的合法权益，确保学生在实习期间的人身安全和身心健康。学生顶岗实习日工作时间不得超过劳动法的有关规定。

5.4.2 学校和实习单位应当加强顶岗实习学生安全意识教育、岗前安全生产教育和培训，保证顶岗实习学生具备必要的安全生产知识和自我保护能力，掌握本岗位的安全操作技能。未经安全生产教育和培训的实习学生，不得顶岗作业。

5.4.3 学校应当与顶岗实习基地协商，为顶岗实习学生提供必需的食宿条件和劳动防护用品，保障学生实习期间的生活便利和人身安全。

5.4.4 实习单位应当根据接收学生实习的需要，建立、健全本单位安全生产责任制，制定相关安全生产规章制度和操作规程，制定并实施本单位的生产安全事故应急救援预案，为实习场所配备必要的安全保障器材。

5.4.5 顶岗实习期间学生人身伤害事故的赔偿，应当依据《中华人民共和国侵权责任法》和教育部《学生伤害事故处理办法》等有关规定处理。

5.5 实习经费保障

5.5.1 实习教学经费是指由学校预算安排，属实习教学专项经费，应实行"统一计划、统筹分配、专款专用"的原则。任何单位和个人不得挤占、截留和挪用。

5.5.2 实习教学经费开支范围可包括：实习教学指导教师的交通费、住宿费、补助费，学生意外伤害保险费，实习教学资料费，实习单位的实习教学管理费、参观费，聘请实习单位技术人员指导费及授课酬金等。

5.5.3 鼓励有条件的实习单位向顶岗实习学生按工作量或工作时间支付合理的实习报酬。实习报酬的形式、内容和标准应当通过签订顶岗实习协议进行约定。不得向学生收取实习押金和实习报酬提成。

高职高专教育城乡规划专业

顶岗实习标准

1. 总　　则

1.0.1　为推动城乡规划专业校企合作、工学结合人才培养模式的改革，保证顶岗实习效果，提高人才培养质量，特制定本标准。

1.0.2　本标准依据城乡规划专业学生专业能力和知识基本要求制定，是《高职高专教育城乡规划专业教学基本要求》的重要组成部分。

1.0.3　本标准是学校组织实施城乡规划专业顶岗实习的依据，也是学校、企（事）业单位合作建设城乡规划专业顶岗实习基地的标准。

1.0.4　城乡规划专业顶岗实习应达到的教学目标是：使学生获取初步的岗位工作经验和职业素养，其内容和时间安排应与专项技能实训、综合实训有机衔接。具体包括：

（1）了解职业道德养成、员工规范与各种规章制度等各方面要求，熟悉职场环境，了解行业的工作流程，养成职业操守。

（2）熟悉岗位的工作环境和工作规范，对工作对象、工作性质、工作流程等了解。

（3）培养学生逐步具备适应岗位环境、胜任规划设计或规划管理工作的能力。

（4）能在从事专业顶岗实习中，贯彻相关法律法规，并注重节能、环保等问题。

（5）养成诚信、敬业、科学、严谨的工作态度和较强的安全、质量、效率及环保意识，具有良好的职业操守。

（6）能与领导和同事良好合作，能与社会公众正常沟通，具备较好的工作协调能力。

1.0.5　城乡规划专业的顶岗实习，除应执行本标准外，尚应执行《高职高专教育城乡规划专业教学基本要求》的有关规定。

2. 术　　语

2.0.1　顶岗实习

指职业院校根据专业培养目标要求，组织学生以准员工的身份进入企（事）业单位，在专业对口的工作岗位上，直接参与实际工作过程，完成一定工作任务，以获得初步的岗位工作经验、养成良好职业素养的一种实践性教学形式。

2.0.2　顶岗实习基地

指具有独立法人资格，具备接受一定数量学生顶岗实习的条件，愿意接纳顶岗实习，并与学校具有稳定合作关系的企（事）业单位。

2.0.3　单位资质

指企（事）业单位在从事行业经营活动中，应具备的资格以及与此资格相适应的质量等级标准。一般包括企（事）业单位的人员素质、技术及管理水平、场地及工程设备、资金及效益情况、承包经营能力和建设业绩等。

2.0.4　单位资信

指民事主体从事民事活动的能力和社会对其所作的综合评价，属于名誉权范畴。它由民事主体的经济实力，经济效益、履约能力和商业信誉等要素决定，与信用有直接的关联。

3. 实习基地条件

3.1 一般规定

3.1.1 学校应建立稳定的顶岗实习基地。顶岗实习基地应建立在符合顶岗实习条件的具有法人资格、自愿接纳顶岗实习的、从事城乡规划编制与管理以及与城乡规划建设相关的企（事）业单位。

3.1.2 顶岗实习基地应具备以下基本条件：

(1) 有专门的实习管理机构或管理人员。

(2) 有健全的实习管理制度。

(3) 有完备的劳动安全保障和职业卫生条件。

3.1.3 顶岗实习基地应有完善的顶岗实习任务书与指导书：

(1) 有根据专业培养方案要求编制顶岗实习任务书。

(2) 有根据岗位职业能力编制顶岗实习指导书。

3.2 资质与资信

3.2.1 顶岗实习基地企（事）业单位应当具有相应的资质，以及管理部门认定的城乡规划咨询服务资质。具体包括两类：

(1) 提供规划编制实习岗位的单位，应当具有丙级及以上的规划编制资质，能够承担城乡规划的编制工作。

(2) 提供规划管理实习岗位的单位，应是各级城乡建设管理部门。

3.2.2 顶岗实习基地企（事）业单位应当具备必要的资信。具体应包括两种情况：

(1) 企（事）业单位的经营范围应当涵盖顶岗实习岗位的至少一项工作内容。

(2) 经营者情况、劳务状况、经营管理、营业状况等没有不良倾向。

3.3 场地与设施

3.3.1 实习基地应有固定的办公场所。

3.3.2 实习基地的设施应能满足学生实习操作的教学要求。对不同类别的实习岗位应满足不同要求：

(1) 编制各类城乡规划的实习岗位，宜每人配置一台电脑。

(2) 开展城乡规划管理类的实习岗位，应配置必要的办公条件。

3.4 岗位与人员

3.4.1 实习基地的实习规模应具备以下基本要求：

(1) 顶岗实习单位应当提供规划编制工作或规划管理工作。

(2) 顶岗实习基地应当可以同时接受2人及以上学生参加顶岗实习。

3.4.2 实习岗位

每个实习点的顶岗实习内容不少于2项。

4. 实习内容与实施

4.1 一 般 规 定

4.1.1 应根据顶岗实习内容选择适宜的实习项目。

4.1.2 顶岗实习的内容和时间安排应与专项技能实训、综合实训有机衔接。

4.1.3 顶岗实习岗位主要包括城乡规划编制岗位、城乡规划管理岗位，或者与本专业相关的其他实习岗位，如建筑设计岗位、房地产项目策划岗位等。

4.2 实 习 时 间

4.2.1 顶岗实习时间累计不宜少于半年。

4.2.2 顶岗实习宜安排在第三学年。学校可利用假期等适当延长顶岗实习时间。

4.2.3 各岗位实习时间不宜少于一个月。

4.3 实习内容及要求

4.3.1 顶岗实习学生可以根据实际情况，从城乡规划编制岗位、城乡规划管理岗位，以及其他相关岗位中，选择一项或几项实习项目参加顶岗实习。其中完整编制一项规划，是顶岗实习阶段必须完成的实习内容。

4.3.2 城乡规划编制岗位的实习内容及要求应符合表 4.3.1 的要求。

城乡规划编制岗位的实习内容及要求 表 4.3.1

序号	实习项目	实习内容	实习目标	实习要求
1	编制村庄规划	（1）收集、整理、分析村庄规划的基础资料； （2）运用规划 CAD、Photoshop 等软件及手绘等表现规划成果； （3）编制规划文本	（1）能够参与编制村庄规划； （2）顶岗实习后期能够承担一般村庄的规划	（1）具备规划基础资料收集整理和分析的能力； （2）具备规划表现、熟练运用专业软件的能力； （3）具备编写规划文本的能力； （4）制作规划汇报 PPT，具备规划汇报能力； （5）完成一个村庄规划，作为实习成果
2	编制城镇详细规划	（1）收集、整理、分析城镇详细规划的基础资料； （2）运用规划 CAD、Photoshop 等软件及手绘等表现规划成果； （3）参与编制规划文本	（1）能够参与编制城镇控制性详细规划； （2）能够参与编制城镇修建性详细规划； （3）能够参与城市设计项目	（1）具备城镇详细规划基础资料收集整理的能力； （2）具备规划表现、熟练运用专业软件的能力； （3）具备参与编写规划文本的能力； （4）制作规划汇报 PPT，参与规划汇报； （5）参与完成一个城镇详细规划，作为实习成果

序号	实习项目	实习内容	实习目标	实习要求
3	编制小城镇总体规划	（1）参与收集、整理、分析城镇总体规划的基础资料； （2）运用规划 CAD、Photoshop 等软件及手绘等表现规划成果； （3）参与编制规划文本	能够参与编制城镇总体规划	（1）具备城镇总体规划基础资料收集整理的能力； （2）具备规划表现、熟练运用专业软件的能力； （3）具备参与编写规划文本的能力； （4）制作规划汇报 PPT，参与规划汇报； （5）参与完成一个城镇总体规划，作为实习成果

4.3.3　城乡规划管理岗位的实习内容及要求应符合表4.3.2的要求。

城乡规划管理岗位的实习内容及要求　　　　表 4.3.2

序号	实习项目	实习内容	实习目标	实习要求
1	城乡规划实施	（1）协助组织规划的编制与送审； （2）协助组织规划方案的评析与审批	能够参与城乡规划的实施	（1）熟悉城乡规划管理的要求、流程，掌握其技术要点； （2）对顶岗实习参与的主要工作汇总并总结报告，作为实习成果
2	城乡建设管理	（1）协助组织规划项目选址； （2）协助组织项目设计方案评析； （3）参与编制可行性研究报告； （4）参与"两证一书"的管理	能够参与城乡建设管理	（1）熟悉城乡建设管理的日常工作； （2）对顶岗实习参与的主要工作汇总并总结形成文本，作为实习成果

4.3.4　其他相关岗位的实习内容及要求应符合表4.3.3的要求。

其他相关岗位的实习内容及要求　　　　表 4.3.3

序号	实习项目	实习内容	实习目标	实习要求
1	居住建筑设计	（1）建筑方案设计，建筑设计的平立剖表现； （2）运用 CAD 等辅助设计软件，绘制建筑设计图	完成多层住宅的建筑方案设计或建筑施工图设计	（1）熟悉居住建筑的设计方法和相关规范； （2）能够完成居住建筑的方案设计； （3）能够完成居住建筑的建筑施工图设计； （4）完成一处居住建筑的设计，作为实习成果

序号	实习项目	实习内容	实习目标	实习要求
2	公共建筑设计	（1）建筑方案设计，建筑设计的平立剖表现； （2）运用 CAD 等辅助设计软件，绘制建筑设计图	完成小型公共建筑的方案设计或建筑施工图设计	（1）熟悉小型公共建筑的设计方法和相关规范； （2）能够完成小型公共建筑的方案设计； （3）能够完成小型公共建筑的建筑施工图设计； （4）完成一处小型公共建筑的设计，作为实习成果
3	民用建筑场地设计	（1）对建筑场地进行分析； （2）运用规划 CAD、Photoshop 等软件进行民用建筑场地的设计	完成简单的民用建筑场地设计	（1）具备场地设计条件分析的能力； （2）熟练运用专业软件的能力； （3）完成一个民用建筑场地设计，作为实习成果

4.4 指导教师配备

4.4.1 校企双方需配备固定的联络员和实习指导教师，负责该基地建设与日常管理中的相互沟通，指导学生实习等工作，以保证实训工作质量的不断提高和实习基地建设的不断加强。

4.4.2 由学校派出实习指导老师负责顶岗实习学生的思想教育、安全管理、专业指导以及其他相关工作。学校指导老师应具有认真的工作态度、丰富的专业知识和较高的业务水平，熟悉专业教学情况。一般应具有中级及以上专业技术职称，以及三年以上相应专业教学经历或实际工作经历。

4.4.3 由顶岗实习基地安排单位指导教师，和学校指导教师共同进行岗位管理和指导学生实习，并在学生实习结束时评出实习成绩并做出实习鉴定。单位指导教师应具有本科及以上学历和中级及以上专业技术职务，或本行业从业三年以上的工程技术人员。

4.4.4 校企双方的顶岗实习指导教师，应根据实习学生的数量，按以下要求配备：
（1）学校的顶岗实习指导教师，宜按 1 名教师指导学生 10～15 名的比例配备。
（2）实习单位的顶岗实习指导教师，宜按 1 名教师指导学生 1～3 名的比例配备。

4.5 实 习 考 核

4.5.1 学校应与顶岗实习基地（岗位）共同建立对学生的顶岗实习考核制度，共同制定实习评价标准。

4.5.2 顶岗实习考核应由学校组织，由学校、学生顶岗实习基地共同实施，共同考核。顶岗实习基地考核结果所占权重不宜低于 50%。

4.5.3 实习期满，根据顶岗实习学生在实习期间的综合表现，进行考核。考核内容包括实习日志或周记、实习总结或成果、日常考勤、实习基地评价等。

4.5.4　顶岗实习结束后，顶岗实习基地应当对实习学生的专业能力、职业操守等各方面情况作出综合评定。

4.5.5　顶岗实习的综合评定成绩宜采用优（90～100分）、良（80～89分）、中（70～79分）、及格（60～69分）、不及格（60分以下）五级记分制。

5. 实 习 组 织 管 理

5.1 一 般 规 定

5.1.1 学校、企（事）业单位和学生本人应订立三方协议，规范各方权利和义务。

5.1.2 学生实习期间，必须按国家有关规定购买意外伤害保险。

5.1.3 顶岗实习前，学校、顶岗实习基地（单位）应对学生进行以下教育培训：

（1）对实习学生进行顶岗前培训，要求掌握所实习岗位的基本专业知识和技能；

（2）对实习学生进行职业道德、职业操守、实习纪律、企业文化等方面的培训；

（3）对实习学生进行人身安全及饮食安全方面的教育。

5.2 各方权利和义务

5.2.1 学校应享有的权利和应履行的义务是：

（1）进行顶岗实习基地的规划和建设，根据专业岗位的不同，建立数量适中、布点合理、稳定的顶岗实习基地。

（2）根据专业培养方案，为学生提供符合要求的顶岗实习岗位。

（3）全面负责顶岗实习的组织、实施和管理。

（4）配备责任心强、有实践经验的顶岗实习指导教师和管理人员。

（5）对顶岗实习基地（单位）的指导教师进行必要的培训。

（6）根据顶岗实习单位的要求，优先向其推荐优秀毕业生。

5.2.2 顶岗实习基地（单位）应享有的权利和应履行的义务是：

（1）建立顶岗实习管理机构，安排固定人员管理顶岗实习工作，并选派有经验的专业务人员担任顶岗实习指导教师，承担业务指导的主要职责。

（2）负责对顶岗实习学生工作时间内的管理。

（3）参与制定顶岗实习计划。

（4）为顶岗实习学生提供必要的住宿、工作、学习、生活条件指导，提供或借用劳动防护用品。

（5）享有优先选聘顶岗实习学生的权利。

（6）依法保障顶岗实习学生的休息休假和劳动安全卫生。

5.2.3 顶岗实习学生应享有的权利和应履行的义务是：

（1）遵守国家法律法规和顶岗实习基地（单位）规章制度，遵守实习纪律。

（2）服从领导和工作安排，尊重、配合指导教师的工作，及时对实习的反馈意见和建议，与顶岗实习基地（单位）员工团结协作。

（3）认真执行工作程序，严格遵守安全操作规程。

（4）依法享有休息休假和劳动保护权利；

（5）遵守保密规定，不泄露顶岗实习基地（单位）的技术、财务、人事、经营等机密。

（6）学生在顶岗实习期间所形成的一切工作成果均属顶岗实习基地（单位），将其应用于顶岗实习工作以外的任何用途，均需顶岗实习基地（单位）的同意。

5.3 实习过程管理

5.3.1 顶岗实习学生在顶岗实习过程中，学校应当对学生顶岗实习的单位、岗位进行巡视。了解顶岗实习学生实习岗位的工作性质、工作内容、工作时间、工作环境、生活环境以及健康、安全防护等方面的情况。

5.3.2 学校和顶岗实习基地应共同做好顶岗实习期间的教育教学工作，对顶岗实习学生开展职业技能教育，开展爱岗敬业、诚实守信为重点的职业道德教育，开展企业文化教育和安全生产教育。

5.3.3 学校和顶岗实习基地应当建立定期信息通报制度。学校和顶岗实习基地指导教师要定期向学校和顶岗实习基地报告学生顶岗实习情况，遇到重大问题或突发事件，顶岗实习指导教师应及时向学校和顶岗实习基地报告。

5.3.4 学校和顶岗实习基地应做好学生在实习期间的住宿管理，保障学生的住宿安全。

5.3.5 顶岗实习指导教师应当建立顶岗实习日志，定期检查顶岗实习情况，及时处理顶岗实习中出现的有关问题，确保学生顶岗实习工作的正常秩序。

5.3.6 学校应该充分运用现代信息技术，构建信息化顶岗实习管理平台，与顶岗实习基地共同加强顶岗实习过程管理。

5.3.7 建立顶岗实习教学准入制度，凡是参加顶岗实习的学生在顶岗实习前都应参加实习准入制训练及考核，对学生的专业综合能力进行测试，考核合格方可进入顶岗实习阶段。

5.4 实习安全管理

5.4.1 建立安全责任制度，学校建立以院校长牵头的校外实践教学安全领导小组、各教学系建立以系主任牵头的系校外实践教学安全领导小组，各实践教学指导人员和各专业教研室主任及实践教学指导教师为实践教学安全责任人。

5.4.2 建立安全教育制度，学校要进一步强化学生校外实践教学期间的学习、生活、安全等方面的教育，安全教育累计不少于8学时。

5.4.3 严格请销假制度，实践学生要自觉遵守学校和实践单位的各项制度，服从实践单位和指导人员的安排。因事离开实践工作岗位，必须履行请假手续，按时销假。对于擅自离开实践岗位或请假超假不归的学生，按学校相关规定给予处理。

5.4.4 顶岗实习期间学生要接受学校和实习基地的教育和管理，明确自己既是学生又是职工的双重身份，作为具有民事行为能力的个体，必须承担单位职工的责任，对自己的行为负责，在校外实践教学过程中，遵守用人单位的各项规章制度和安全条例。

5.4.5 学生在顶岗实习期间，应遵守相关部门的纪律和规定，把实践安全放在首位。注意实践环境安全；注意饮食卫生安全，防止食物中毒；重视贵重物品的保管；注意交通安全；严防发生被盗、被抢、食物中毒和意外伤害事故；与家人、学校、同学常保持沟通。

5.4.6　顶岗实习基地应加强对学生进行交通安全、生产安全、文明生产、自救自护、劳动纪律、职业道德等方面的教育和指导。

5.4.7　顶岗实习基地应为学生提供符合国家规定的安全环境，保证其在人身安全不受危害的条件下工作，并明确告知学生实践岗位的工作内容和注意事项。

5.4.8　顶岗实习基地要担负学生校外实践教学期间的安全管理责任，若在实践期间出现安全事故，根据《中华人民共和国劳动法》等有关法律法规，由学生与基地协商解决。

5.4.9　强化预防意识，学校应当制订相应的校外实践教学学生安全管理措施，制定突发安全事件应急预案。出现校外实践教学安全事件时，及时启动安全事故处理程序。

5.5　实 习 经 费 保 障

5.5.1　实习经费由学校根据校企共建原则，通过校企自筹、学校与科研单位或行业联合等多种形式，筹集经费。

5.5.2　实习教学经费是指由学校预算安排，属实习教学专项经费，应实行"统一计划、统筹分配、专款专用"的原则。任何单位和个人不得挤占、截留和挪用。

5.5.3　实习教学经费开支范围包括：实习教学指导教师及实习学生的交通费、住宿费、补助费，接纳实习教学单位的实习教学管理费、参观费，实习教学资料费、耗材费，聘请实习教学单位技术人员指导费及授课酬金等。

5.5.4　鼓励有条件的实习单位向顶岗实习学生按工作量或工作时间支付合理的实习报酬。实习报酬的形式、内容和标准应当通过签订顶岗实习协议进行约定。不得向学生收取实习押金和实习报酬提成。

5.5.5　探索建立大学生实习见习的财政补贴制度，鼓励有条件的地方教育、财政部门对学生实习给予必要的财政补助。

高职高专教育建筑工程技术专业

顶岗实习标准

1. 总　　则

1.0.1　为了推动建筑工程技术专业校企合作、工学结合人才培养模式改革，保证顶岗实习效果，提高人才培养质量，特制定本标准。

1.0.2　本标准依据建筑工程技术专业学生专业能力和知识的基本要求制定，是《高职高专教育建筑工程技术专业教学基本要求》的重要组成部分。

1.0.3　本标准是学校组织实施建筑工程技术专业学生顶岗实习的依据，也是学校、企（事）业合作建设建筑工程技术专业顶岗实习基地标准和依据。

1.0.4　建筑工程技术专业顶岗实习应达到的教学目标是：

（1）了解企业文化、员工规范与各种规章制度、职业道德养成等各方面要求，熟悉企业环境，了解建筑施工企业生产与管理流程，养成职业操守。

（2）熟悉岗位的工作环境和安全工作规范，对使用的设备、工具、工作对象、工作性质等有所了解，具备在建筑工程项目中文明施工、劳动保护与安全防范的能力。

（3）培养学生逐步具备适应岗位环境、胜任建筑施工现场施工技术与管理、质量检查与控制、安全检查与管理、材料进场验收与保管、资料收集与整理等岗位工作的能力。

（4）能在从事业务活动中贯彻相关建筑法规，并注意节能、环境保护等问题。

（5）养成诚信、敬业、科学、严谨的工作态度和较强的安全、质量、效率及环保意识，具有良好的职业道德与素质。

（6）能与领导和同事正常沟通，具备一定的可持续发展能力。

1.0.5　建筑工程技术专业学生的顶岗实习，除应执行本标准外，尚应执行《高职高专教育建筑工程技术专业教学基本要求》的有关规定。

2. 术　语

2.0.1　顶岗实习

指职业院校根据专业培养目标要求，组织学生以准员工的身份进入企（事）业单位专业对口的工作岗位，直接参与实际工作过程，完成一定工作任务，以获得初步的岗位工作经验、养成良好职业素养的一种实践性教学形式。

2.0.2　单位资质

是指企（事）业在从事某种行业经营中，应具有的资格以及与此资格相适应的质量等级标准。单位资质包括企（事）业的人员素质、技术及管理水平、工程设备、资金及效益情况、承包经营能力及建设与管理业绩等。

2.0.3　顶岗实习基地

指具有独立法人资格，具备接纳一定数量学生顶岗实习的条件，愿意接纳学生顶岗实习，并与学校具有稳定合作关系的企（事）业单位。

2.0.4　实习指导教师

指专门负责学生顶岗实习指导、管理的学校建筑工程技术专业教师和企（事）业有经验的建筑工程技术专业技术人员。

2.0.5　实习协议

是按照《中华人民共和国职业教育法》及各省市劳动保障部门的相关规定，由学校、企业、学生达成实习协议。

3. 实 习 基 地 条 件

3.1 一 般 规 定

3.1.1 学校应建立稳定的顶岗实习基地。顶岗实习基地应建立在符合顶岗实习条件、自愿接纳学生顶岗实习的建筑施工公司、建设监理和咨询公司、中小型设计单位、工造价咨询公司、建筑工程项目管理公司、市政工程公司、房地产公司、建筑构件及制品企业、建筑业务基层管理单位。

3.1.2 顶岗实习基地应具备以下基本条件：
（1）有专门的实习管理机构和管理人员。
（2）有健全的实习管理制度。
（3）有完备的劳动安全保障和职业卫生条件。

3.2 资 质 与 资 信

3.2.1 企（事）业资质：
（1）建筑施工企业，应具有三级及以上企业资质的建筑工程施工总承包企业和专业承包企业。
（2）其他建设类企业，应具有乙级及以上企业资质的建设工程管理、监理、房地产等其他建设类企业。
（3）事业单位，其单位职能、级别和提供岗位应与建筑工程技术专业学生能力、知识及就业需求相适应。

3.2.2 企（事）业资信：
（1）顶岗实习基地企（事）业单位应当具备良好的资信。
（2）经营情况、劳务状况、营业状况等没有不良记录和倾向，业界评价好。

3.3 场 地 与 设 施

3.3.1 顶岗实习场地应具备满足学生实习安全、劳动保护等方面的条件，为实习学生和实习场所配备必要的安全保障器材。

3.3.2 顶岗实习场地应具有符合学生实习的场所和相应的办公、实习和生活设施及相关信息资料。

3.3.3 顶岗实习场地能提供土建施工员、质量员、安全员及资料员、材料员及相关的职业岗位，并宜对学生实施轮岗实训。

3.4 岗 位 与 人 员

3.4.1 实习企业应当为学生提供土建施工员、质量员、安全员、资料员、材料员等本专业主要岗位。

3.4.2 每个实习工程项目接受顶岗实习学生数宜为5～10人，实习工程项目每个岗位接受实习学生数不宜超过3～5人（特大型项目除外）。

4. 实习内容与实施

4.1 一般规定

4.1.1 学校应安排或指导学生根据顶岗实习内容选择适宜的企业和工程项目。

4.1.2 顶岗实习的内容和时间安排应与专项技能实训、综合实训有机衔接。

4.1.3 顶岗实习岗位应包括土建施工员、质量员、安全员、资料员、材料员等岗位。

4.1.4 学校应与企业共同制定学生顶岗实习方案和计划，并认真落实。

4.2 实习时间

4.2.1 顶岗实习时间不应少于一学期，宜安排在第三学年或最后一学期；各学校可根据工程实际情况及季节，利用假期等适当延长顶岗实习时间。

4.2.2 各岗位实习时间不宜少于 1.5 个月，在整个实习期间轮岗的数量宜为 2～3 个。

4.3 实习内容及要求

4.3.1 建筑工程技术专业各岗位的实习内容及要求应符合表 4.3.1 的要求。

建筑工程技术专业各岗位的实习内容及要求 表 4.3.1

序号	实习项目	实习目标	实习内容	实习要求
1	岗前培训与工作准备	（1）认识建筑企业文化、了解职业道德养成，与领导和同事正常沟通。 （2）熟悉国家相关建筑法规，建筑企业工作规章制度。 （3）了解建筑企业的员工规范、岗位资格、工作职责等。 （4）认识岗位的工作环境，使用的设备、工具、工作对象、工作性质。 （5）认识建筑工程项目安全工作、节能与环境保护要求。 （6）熟悉建筑施工操作规范与质量验收规范	（1）企业发展、职业道德要求、协同工作与员工成长。 （2）建筑相关法律法规，企业各项规章制度。 （3）建筑企业岗位职责、员工手册与工作要求。 （4）建筑工程项目施工现场参观、建筑工程施工手册阅读。 （5）施工安全规范与安全管理制度、劳动保护相关条例，节能与环境保护条例。 （6）现场施工管理要点、质量控制要点；施工工艺。操作标准、施工质量验收标准（强制性条文）	（1）企业领导和指导教师上课。 （2）企业教师带领学生参观企业和建筑工程项目并讲解。 （3）成果：实习日记和项目报告

32

序号	实习项目	实习目标	实习内容	实习要求
2	识读土建专业施工图	（1）能识读并正确领会建筑及结构专业施工图，并能正确应用标准图集。 （2）能阅读地质报告、概算、设计变更、洽商等其他设计文件。 （3）建立专业间相互配合协调的基本意识。 （4）能不断获取新的技能与知识，并能应用和迁移。 （5）能对复杂和相互关联的事物进行合理的分解，通过相互认证建立相互协调的关系，并找出处理办法。 （6）有求真务实、科学严谨的工作态度，有社会责任感，独立开展工作	（1）建筑专业施工图、结构专业施工图、设计说明及其他文本文件的知识；标准图集的知识。 （2）工程地质报告、概算、设计变更、洽商文件的知识。 （3）建筑工程的组成。 （4）新技术、新工艺、新材料的知识。 （5）数学、逻辑学等知识的应用。 （6）工作态度与责任感的培养	（1）企业教师指导。 （2）建筑工程项目现场对比学习。 （3）耐心、细致、坚韧、持之以恒。 （4）成果：实习日记和项目报告
3	主要建筑材料性能检测与应用	（1）能熟练使用检测仪器，检测常用建筑材料的技术性质。 （2）能正确运用和执行标准，判别常用建筑材料的质量等级，并确认其规格指标。 （3）能根据施工收规范的规定进行材料检验批的抽样送检。 （4）能准确评价建筑材料，并能正确选用。 （5）具有对建筑材料从进场、验收、抽样、送检、分类、存储、保管、发放、回收、节能、环境保护进行综合管理的能力。 （6）注重培养科学、严谨的工作态度；能进行协调沟通，团队合作，负责任的开展工作	（1）常用建筑材料的技术性质。 （2）常用建筑材料的技术标准与规范，质量等级和规格指标。 （3）常用建筑材料的施工验收规范，检验批的检验方法。 （4）建筑材料的应用知识。 （5）对建筑材料进场、验收、抽样、送检、分类、存储、保管、发放、回收、节能、环境保护知识。 （6）工作态度与责任感的培养	（1）企业教师指导。 （2）直接参与建筑工程项目工作。 （3）成果：实习日记和项目报告
4	施工现场技术与管理	（1）能参与施工组织策划。 （2）能参与现场施工技术管理。 （3）能参与施工进度及成本控制。 （4）能协同进行质量、安全与环境管理。 （5）能协同进行工程施工信息及资料管理。 （6）能参与建立施工现场信息化管理平台。 （7）能主动学习，能根据现场实际情况，综合各方面影响因素，提出解决方案。 （8）具有独立判断和解决问题能力；能够坚持原则、秉公办事	（1）法律法规知识。 （2）建设项目管理、造价控制知识。 （3）施工技术及管理知识。 （4）计算机应用知识。 （5）必备的人文、社会科学知识。 （6）理论与实践相结合。 （7）工作态度与责任感的培养	（1）企业教师指导。 （2）直接参与建筑工程项目工作。 （3）认真负责，坚持原则。 （4）成果：实习日记和项目报告

序号	实习项目	实习目标	实习内容	实习要求
5	工程质量检验与控制	（1）能确定检验批；进行分项工程、分部工程、单位工程的检验。 （2）能进行土建工程施工现场质量控制。 （3）能编制单位工程检验文件。 （4）能编制质量管理的规章制度。 （5）能进行土建工程施工质量控制资料核查。 （6）能根据现场实际情况，综合各方面影响因素，提出解决方案。 （7）能具有独立判断和解决问题能力；能坚持原则、秉公办事	（1）建筑工程项目质量验收规范知识。 （2）工序质量控制措施；各种影响质量因素的控制措施。 （3）检验批、分项工程检验文件的编制；分部工程检验文件和单位工程检验文件的编制。 （4）各项质量管理的规章制度编制要求。 （5）土建工程施工质量控制资料核查。 （6）理论与实践相结合。 （7）工作态度与责任感的培养	（1）企业教师指导。 （2）直接参与建筑工程项目工作。 （3）认真负责，坚持原则。 （4）成果：实习日记和项目报告
6	安全生产检查与管理	（1）能参与编制建筑工程项目安全生产管理计划，专项方案、应急预案并实施。 （2）能对现场施工机械、临时用电及劳保用品进行安全符合性判断。 （3）能识别危险源并进行安全交底。 （4）能对施工现场安全标识、设施、设备进行检查和管理。 （5）能参与安全事故救援和处理。 （6）能收集、整理安全检查与管理资料。 （7）能主动学习，能根据现场实际情况，综合各方面影响因素，提出解决方案。 （8）能独立判断和解决安全问题；能够坚持原则、秉公办事、吃苦耐劳、勤恳工作能力	（1）安全生产责任制，安全生产管理机构，建筑工程项目安全生产管理计划和应急预案的编制知识；安全专项方案的编制及实施知识。 （2）施工机械、临时用电及劳保用品的安全规范要求。 （3）危险源识别与安全交底。 （4）安全生产的国家标准。 （5）事故的防范、救援和处理措施。 （6）安全资料的整理归档。 （7）工作态度与责任感的培养	（1）企业、学校教师指导。 （2）直接参与建筑工程项目工作。 （3）认真负责，坚持原则。 （4）成果：实习日记和项目报告
7	资料收集与整理	（1）能编制与整理工程质量、安全、进度、监理等资料。 （2）能编制与整理建筑工程竣工验收文件。 （3）能编制资料计划，进行资料归档、保管、移交等管理。 （4）能应用计算机及相关软件编制与管理施工技术资料。 （5）具有使用先进办公及管理设备的能力。 （6）具有自主学习能力，能理顺多元化背景资料。 （7）能与人交流合作，协调各部门、各岗位及相关单位的工作关系，形成良好的工作氛围。 （8）具有团结协作、求真务实、科学严谨的工作态度和独立工作的能力	（1）工程质量、安全、进度、监理等资料的编制与整理知识。 （2）工程竣工验收文件的编制与整理知识。 （3）资料归档、保管、移交。 （4）利用计算机及相关软件编制管理施工技术资料。 （5）数学、逻辑学等知识的应用。 （6）工作态度、协同工作与责任感的培养	（1）企业教师指导。 （2）在建筑工程项目全过程中收集资料。 （3）认真负责，坚持原则、交流合作。 （4）成果：实习日记和项目报告

4.3.2 顶岗实习基本要求。

（1）学生在校学习期间应完成相关课程学习和实训课程，打好顶岗实习的基础。

（2）拥有建筑工程技术资料、建筑施工手册、相关软件、网络信息资源、教材、规范、图集、各类工具、器具等。

4.4 指 导 教 师 配 备

4.4.1 学校实习指导教师基本要求与配备：

（1）总体规模：每班（按 40 人/班规模）专业教师不宜少于 2 人。

（2）实习负责人：具有丰富的现场施工管理经验和教学经验，熟悉高职教育规律，责任心强，具有"双师型"素质的教师。

（3）教师能力要求：具有累计两年以上施工现场技术与管理经历，熟悉施工现场主要管理岗位的工作流程和工作职责；具有专业教学经验。

（4）教师职责

1）参与制定实习计划；

2）对学生进行安全教育并参与全过程管理；

3）与企业指导教师联系与协调；

4）完成实习指导；

5）做好成绩评定。

4.4.2 企业指导教师基本要求与配备：

（1）总体规模：每班（按 40 人/班规模）指导教师总数 10～15 人左右。

（2）实习负责人：由具有丰富工程实践经验、技术技能水平高、责任心强的工程技术人员或管理人员担任。

（3）教师能力要求：由具有丰富工程实践经验、技术技能水平高、责任心强，熟悉施工现场各岗位的工作流程和工作职责，具有一定的教学培训经验的工程技术人员、管理人员和高技能人员担任实习指导教师。

（4）教师职责

1）参与制定实习计划；

2）对学生进行安全教育并参与全过程管理；

3）与学校指导教师联系与协调；

4）完成实习指导；

5）做好成绩评定。

4.5 实 习 考 核

4.5.1 学校应与顶岗实习企业（岗位）共同建立对学生的顶岗实习考核制度，共同制定实习评价标准。

4.5.2 顶岗实习考核应由学校组织，学校、企业共同实施，以企业考核为主。

4.5.3 实习结束，企业指导老师参与学生成绩的评定，并具有一票否决的权力。

4.5.4 顶岗实习成绩考核结果可分优秀、良好、中等、合格和不合格五个等级，并纳入学籍档案；学校应当做好学生顶岗实习材料的归档工作。

4.5.5 各学校根据本标准及本校规章制度制定考核细则。

5. 实 习 组 织 管 理

5.1 一 般 规 定

5.1.1 学校、企业和学生本人应订立三方协议,明确各方权利和义务。

5.1.2 学生实习期间,学校应按国家有关规定为实习学生购买意外伤害保险。

5.1.3 顶岗实习前,学校、顶岗实习基地(单位)应对学生进行以下教育培训:

(1) 国家安全标准对建筑施工现场的标识的认识;本行业安全技术操作规程、技术标准、个人的安全意识和行为等方面的教育培训。

(2) 遵纪守法、职业操守、保密、知识产权保护等方面的教育培训。

(3) 吃苦耐劳、相互尊重、协同合作等方面的教育培训。

5.2 各方权利和义务

5.2.1 学校应享有的权利和应履行的义务:

(1) 进行顶岗实习基地的规划和建设,根据专业性质的不同,建立数量适中、布点合理、运行稳定、有效的顶岗实习基地。

(2) 根据专业培养方案,为学生提供符合要求的顶岗实习岗位。

(3) 全面负责顶岗实习的组织、实施和管理。

(4) 配备责任心强、有实践经验的顶岗实习指导教师和管理人员。与企业配合,负责对顶岗实习学生工作时间内的管理。

(5) 对顶岗实习基地(单位)的指导教师进行必要的培训。

(6) 根据顶岗实习单位的要求,优先向其推荐优秀毕业生。

(7) 根据实际,为顶岗实习提供必要的资金支持。

5.2.2 顶岗实习基地(单位)应享有的权利和应履行的义务:

(1) 享受国家、行业给予的相关的优惠政策。

(2) 享有优先选聘顶岗实习学生的权利。

(3) 为企业指导教师提供相应的劳动报酬。

(4) 建立顶岗实习管理机构,安排固定人员管理顶岗实习工作,并选派有经验的专业务人员担任顶岗实习指导教师,承担业务指导的主要职责。

(5) 与学校配合,负责对顶岗实习学生工作时间内的管理。

(6) 参与制定顶岗实习计划。

(7) 为顶岗实习学生提供必要的住宿、工作、学习、生活条件。可根据学生的工作实效,提供适当的薪酬。为实习学生提供或借用劳动防护用品。

(8) 依法保障顶岗实习学生的休息休假和劳动安全卫生。

5.2.3 顶岗实习学生应享有的权利和应履行的义务是:

(1) 应当获得符合要求的顶岗实习岗位,对实习提供反馈意见和建议。

(2) 依法享有休息休假和劳动保护权利。

（3）严格遵守国家法律法规和顶岗实习基地（单位）规章制度，遵守实习纪律及有关规定。

（4）服从领导和工作安排，尊重、配合指导教师的工作，与顶岗实习基地（单位）员工团结协作。

（5）认真执行工作程序，严格遵守安全操作规程。

（6）遵守保密规定，不泄露顶岗实习基地（单位）的技术、财务、人事、经营等机密。

（7）学生在顶岗实习期间所形成的一切工作成果均属顶岗实习基地（单位）所有，将其应用于顶岗实习工作以外的任何用途，均需经顶岗实习基地（单位）同意。

5.3 实习过程管理

5.3.1 顶岗实习实行学校和企业共同管理。

5.3.2 宜建立信息化技术管理平台，对学生顶岗实习全过程建立实习档案，定期指导与检查。

5.3.3 学生在实习过程中，必须严格遵守学校和实习单位的各项规章制度；认真完成实习工作任务，提升职业能力；做好自我评价并参加考核；处理好各种关系，建立诚实、守信、文明的师生和师徒关系。

5.3.4 学校和顶岗实习企业应共同做好顶岗实习期间学生的教育教学工作，开展爱岗敬业、诚实守信为重点的职业道德教育、企业文化教育和安全生产教育。

5.3.5 顶岗实习学生在顶岗实习过程中，学校应当对学生顶岗实习的单位、岗位进行巡视。了解顶岗实习学生实习岗位的工作性质、工作内容、工作时间、工作环境、生活环境以及健康、安全防护等方面的情况。发现问题，及时协调、解决。

5.4 实习安全管理

5.4.1 学校、企业应当建立顶岗实习安全责任制度。责任落实，全员参与。

5.4.2 学校、企业应当建立顶岗实习安全教育制度。"三级"教育，层层落实。

5.4.3 顶岗实习期间学生应接受学校、企业的教育和管理，明确作为具有民事行为能力的主体应当承担的责任，对自己的行为负责。

5.4.4 顶岗实习期间学生应遵守学校、企业的规章制度、安全管理条例，文明施工，安全工作。

5.4.5 企业应当为学生提供符合国家标准的实习安全环境，劳动保护用品，保证学生不在危险的工作条件下独自承担工作。

5.4.6 学生需要在实习单位（项目）住宿时，学校和企业指导教师应对学生的住宿环境进行评估，不得存在任何安全隐患。

5.4.7 学校、企业应有紧急救援预案。

5.5 实习经费保障

5.5.1 学校每年应有专项预算实习经费，并制定经费使用项目，为实习提供保障。

5.5.2 学校可根据实习协议约定，向实习企业提供必要的学生实习经费。

5.5.3 鼓励企业向顶岗实习学生按工作量、工作时间或为企业带来的效益等支付一定的实习报酬；学校和企业不得向实习学生收取押金或实习报酬提成。

5.5.4 经费使用应符合现行的财务管理制度。

高职高专教育工程造价专业

顶岗实习标准

1. 总　　则

1.0.1　为了推动工程造价专业校企合作、工学结合人才培养模式改革，保证顶岗实习效果，提高人才培养质量，特制定本标准。

1.0.2　本标准依据工程造价专业学生的专业能力和知识的基本要求制定，是《高职高专教育工程造价专业教学基本要求》的重要组成部分。

1.0.3　本标准是学校组织实施工程造价专业顶岗实习的依据，也是学校、企（事）业合作建设工程造价专业顶岗实习基地的标准。

1.0.4　工程造价专业顶岗实习应达到的教学目标是：

（1）遵纪守法、实事求是、不编制虚假造价文件。

（2）勤奋敬业、细致认真、精益求精工作作风。

（3）会编制建筑安装施工图预算、工程量清单、投标报价、工程结算。

（4）按照国家保密法要求不泄密有保密要求的图纸资料。

（5）培养谦虚谨慎、戒骄戒躁、团队合作的能力。

1.0.5　工程造价专业顶岗实习，除应执行本标准外，尚应执行《高职高专教育工程造价专业教学基本要求》的有关规定。

2. 术　　语

2.0.1　顶岗实习

指职业院校根据专业培养目标要求，组织学生以准员工的身份进入企（事）业单位专业对口的工作岗位，直接参与实际工作过程，完成一定工作任务，以获得初步的岗位工作经验、养成良好职业素养的一种实践性教学形式。

2.0.2　顶岗实习基地

指具有独立法人资格，具备接受一定数量学生顶岗实习的条件，愿意接纳顶岗实习，并与学校具有稳定合作关系的企（事）业单位。

2.0.3　实习经费

实习经费包括由学校和企（事）业支出的两部分费用。学校支出费用主要是指配备指导教师和管理学生发生的各项费用；企（事）业支出费用主要是指为顶岗实习学生提供实习条件和配备指导教师发生的各项费用。

2.0.4　指导教师

指导教师包括企（事）业指导教师和学校指导教师。是指学生在顶岗实习阶段根据培养目标要求配置的专业教师。

3. 实 习 基 地 条 件

3.1 一 般 规 定

3.1.1 学校应建立稳定的顶岗实习基地。顶岗实习基地应建立在符合顶岗实习条件的具有独立法人资格、自愿接纳顶岗实习学生的施工、房地产、造价咨询、工程管理咨询等企（事）业单位。

3.1.2 顶岗实习基地应具备以下基本条件：

（1）有专门的实习管理机构和管理人员。

（2）有健全的实习管理制度。

（3）有完备的劳动安全保障和职业卫生条件。

（4）有按专业培养方案要求制定的顶岗实习的任务书。

（5）有按与职业资格工作内容相结合的岗位工作指导书。

3.2 资 质 与 资 信

3.2.1 实习基地应具有建筑安装工程总承包二级及以上资质的施工企业；国家乙级及以上的工程造价资质咨询企业；国家乙级及以上的招标代理企业、工程项目管理企业、工程监理企业。

3.2.2 实习基地的企事业单位应具有良好的银行信誉、工程质量信誉和社会信誉。

3.3 场 地 与 设 施

3.3.1 实训场地应具备以下具备条件：

（1）具有 2 万 m² 及以上建筑面积在建工程的工程项目部。

（2）具有可以提供 10～15 人实习岗位的独立承揽工程的分公司及以上施工企业。

（3）具有可以提供 10～15 人实习岗位的工程造价咨询、工程项目管理、招标代理企业。

3.3.2 实训设施应具备以下具备条件：

（1）企业有建筑市场主流使用的工程造价计量与计价软件。

（2）企业可以提供建筑、装饰、安装、钢筋等工程量计算软件运行的计算机 15 台。

（3）企业备有常用的建筑工程、装饰工程、安装工程的国家标准图集和建设工程所在地的标准图集。

3.4 岗 位 与 人 员

3.4.1 学生主要在造价员岗位实习，拓展实习招投标工作岗位和工程资料管理岗位。企业需提供造价员、招投标员、资料员实习岗位。

3.4.2 每个企业应接受 10～15 人的实习学生。

4. 实习内容与实施

4.1 一 般 规 定

4.1.1 学校应根据顶岗实习内容及企业的具体情况选择适宜的工程项目。

4.1.2 顶岗实习的内容和时间安排应与专项技能实训、综合实训有机衔接。

4.1.3 顶岗实习应包括施工图概预算编制、工程量清单编制、清单报价编制、工程结算编制等工作。并宜包括招投标文件编制、工程资料管理等工作。

4.2 实 习 时 间

4.2.1 顶岗实习时间不应少于1学期，宜安排在第六学期进行。各学校宜利用假期等适当延长顶岗实习时间。

4.2.2 施工图预算、工程量清单报价工作实习时间不宜少于8周；工程结算工作实习不宜少于4周。其余实习岗位不宜少于4周。

4.3 实习内容及要求

4.3.1 施工图预算（概算）编制实习内容及要求（表4.3.1）。

施工图预算（概算）编制实习内容及要求　　　　　　　表 4.3.1

序号	实习项目	实习内容	实习目标	实习要求
1	施工图（概）预算编制	（1）熟悉工程所在地的计价定额和费用定额。 （2）熟悉工程所在地的人工、材料、机械台班单价。 （3）根据初步设计施工图、概算（预算）定额和地区费用定额编制设计概算。 （4）根据施工图和预算定额，计算定额工程量；根据定额工程量、地区预算定额、地区材料单价、地区施工机具单价和费用定额，计算分部分项工程费、措施项目费、其他项目费、规费和税金	（1）遵守《中华人民共和国建筑法》、《中华人民共和国招标投标法》，执行《建设工程工程量清单计价规范》、《房屋建筑与装饰工程工程量计算规范》、《通用安装工程工程量计算规范》编制造价文件。 （2）掌握编制设计概算的技能。 （3）掌握编制施工图预算的技能。 （4）能按照国家保密法要求不泄密有保密要求的图纸资料。 （5）能吃苦耐劳、勤奋敬业、细致认真、精益求精地完成实习任务。 （6）能遵守实习单位的各项纪律和规定。 （7）不接收利益方的招待和财物。 （8）实事求是，不弄虚作假。 （9）虚心好学，团结同事，培养自己的团队合作能力	（1）与实习单位签订安全、保密协议。 （2）基本任务是每人独立编制工程造价300万元及以上的设计概算或施工图预算。 （3）拓展任务是按照实习单位下达的实战要求，完成编制施工图预算的部分工作。 （4）每个实习点由2~3名学生组成实习小组。 （5）每个实习点配置1~2名实习单位的指导教师。 （6）每10个实习点配置1~2名学校指导教师

4.3.2 投标报价编制实习内容及要求（表4.3.2）。

投标报价编制实习内容及要求 表 4.3.2

序号	实习项目	实习内容	实习目标	实习要求
1	工程量清单及投标报价编制	（1）熟悉工程所在地的计价定额和费用定额。 （2）熟悉工程所在地的人工、材料、机械台班市场单价。 （3）熟悉招标文件的编制内容。 （4）熟悉建设工程工程量计算规范、房屋建筑与装饰工程工程量计算规范、通用安装工程工程量计算规范的内容。 （5）熟悉招标工程量清单的编制内容。 （6）熟悉编制拟建工程招标控制价、投标报价的程序	（1）遵守《中华人民共和国建筑法》、《中华人民共和国招标投标法》、执行《建设工程工程量清单计价规范》、《房屋建筑与装饰工程工程量计算规范》，《通用安装工程工程量计算规范》编制造价文件。 （2）掌握编制建筑工程和装饰工程招标控制价、投标报价的技能。 （3）掌握编制安装工程招标控制价、投标报价的技能。 （4）掌握人工单价、机械台班单价、材料单价编制方法。 （5）掌握综合单价编制方法 （6）掌握措施项目费计算方法。 （7）掌握其他项目费计算方法。 （8）掌握规费和税金计算方法。 （9）能按照国家保密法要求不泄密有保密要求的图纸资料。 （10）能吃苦耐劳、勤奋敬业、细致认真、精益求精完成实习任务。 （11）能遵守实习单位的各项纪律和规定。 （12）不接收利益方的招待和财物。 （13）实事求是，不弄虚作假。 （14）虚心好学，团结同事，培养自己的团队合作能力	（1）与实习单位签订安全、保密协议。 （2）基本任务是每人独立编制在 500 万元及以上的含建筑、装饰、安装工程内容的投标报价。 （3）拓展任务是按照实习单位下达的实战要求，完成编制投标报价的部分工作。 （4）每个实习点由 2～3 名学生组成实习小组。 （5）每个实习点配置 1～2 名实习单位的指导教师。 （6）每 10 个实习点配置 1～2 名学校指导教师

4.3.3 工程结算编制实习内容及要求（表4.3.3）。

工程结算编制实习内容及要求 表 4.3.3

序号	实习项目	实习内容	实习目标	实习要求
1	工程结算编制	（1）熟悉工程所在地的计价定额和费用定额。 （2）熟悉工程所在地的人工、材料、机械台班市场单价。 （3）熟悉工程变更资料。	（1）遵守《中华人民共和国建筑法》，《中华人民共和国招标投标法》，执行《建设工程工程量清单计价规范》、《房屋建筑与装饰工程工程量计算规范》、《通用安装工程工程量计算规范》编制造价文件。 （2）掌握编制建筑工程和装饰工程结算的技能。	（1）与实习单位签订安全、保密协议。 （2）基本任务是每人独立编制单项工程造价在 500 万元及以上的含建筑、装饰、安装工程内容的工程结算造价。

序号	实习项目	实习内容	实习目标	实习要求
	工程结算编制	（4）熟悉建设工程工程量计算规范、房屋建筑与装饰工程工程量计算规范、通用安装工程工程量计算规范的内容。 （5）熟悉工程投标报价的内容。 （6）熟悉工程结算的编制程序	（3）掌握编制安装工程结算的技能。 （4）工程量调整。 （5）人工单价、机械台班单价、材料单价调整。 （6）综合单价调整。 （7）措施项目费调整。 （8）其他项目费调整。 （9）规费和税金调整。 （10）能按照国家保密法要求不泄密有保密要求的图纸资料。 （11）能吃苦耐劳、勤奋敬业、细致认真、精益求精地完成实习任务。 （12）能遵守实习单位的各项纪律和规定。 （13）不接收利益方的招待和财物。 （14）实事求是，不弄虚作假。 （15）虚心好学，团结同事，培养自己的团队合作能力	（3）拓展任务是按照实习单位下达的实战要求，完成编制工程结算的部分工作。 （4）每个实习点由2～3名学生组成实习小组。 （5）每个实习点配置1～2名实习单位的指导教师。 （6）每10个实习点配置1～2名学校指导教师

4.4 指 导 教 师 配 备

4.4.1 学校指导教师配备应具备以下具备条件：

（1）每20名实习学生配备1名学校指导教师。学校指导教师主要负责检查学生在实习期间的实习工作与生活情况。包括做好学生的思想工作、了解学生在实习岗位的收获；解答学生实习中遇到问题；回答学生在生活方面的咨询。

（2）每40名实习学生配备1名安装专业教师。安装专业教师负责回答在安装工程造价岗位实习学生提出的各种专业问题。

（3）学校指导教师应达到中级职称或者获得国家有关工程造价及工程管理类执业资格。

4.4.2 企业指导教师配备应具备以下具备条件：

（1）学生到学校与企业建立的校企合作实习基地顶岗实习时，企业应对每2名及以下实习学生派一名指导教师。

（2）企业指导教师应在工程造价专业工作岗位上工作3年及以上年限，应是中级职称或者获得国家工程造价及工程管理类执业资格。

4.5 实 习 考 核

4.5.1 学校应与顶岗实习基地（岗位）共同建立对学生的顶岗实习考核制度，共同制定实习评价标准。

4.5.2 顶岗实习考核应由学校组织，学校、企业、顶岗实习学生共同实施，以企业考核为主。

4.5.3 顶岗实习成绩根据学生提交的实习资料、顶岗实习报告，实习单位指导教师意见、学校实习指导教师意见、顶岗实习校内答辩等方面综合评定宜参考以下规定：

（1）企业指导教师评分：根据学生在业务、纪律等方面的表现予以评定。评定成绩占总成绩60%

（2）学校实习指导教师评分：根据指导过程了解的具体情况、班主任（辅导员）联系过程掌握的情况、学生实习报告等予以评定。评定成绩占总成绩40%。

4.5.4 考核评价宜参考以下规定：

顶岗实习综合成绩考核分为优秀、良好、中等、及格和不及格五个等次。

优：该生实习期间表现优秀，业务能力强，遵守单位和学院的各项管理制度，企业评价高，认真填写实习报告，综合成绩优。

良：该生实习期间表现良好，业务能力较强，遵守单位和学院的各项管理制度，企业评价较高，认真填写实习报告，综合成绩良好。

中：该生实习期间表现较好，有一定的业务能力，遵守单位和学院的各项管理制度，企业评价较好，实习报告符合要求，综合成绩中。

及格：该生能按照学院要求参加顶岗实习，能在指导教师帮助下完成相应的业务，基本遵守单位和学院的各项管理制度，企业评价合格，实习报告基本符合要求，综合成绩中。

不及格：该生顶岗实习期间表现差，企业评价不合格，实习报告不完整，综合成绩不及格。

5. 实 习 组 织 管 理

5.1 一 般 规 定

5.1.1 学校、企业和学生本人应订立三方协议，规范各方权利和义务。

5.1.2 学生实习期间，必须按国家有关规定购买意外伤害保险。

5.1.3 顶岗实习前，学校、顶岗实习基地（单位）应对学生进行以下教育培训：

(1) 安全教育。

(2) 保密制度教育。

(3) 组织纪律教育。

5.1.4 顶岗实习应由学校和实习单位共同管理，管理细则及办法由顶岗实习协议确定。

5.2 各方权利和义务

5.2.1 学校应享有的权利和应履行的义务是：

(1) 负责顶岗实习基地的规划和建设，根据专业性质的不同，建立数量适中、布点合理、稳定的顶岗实习基地。

(2) 根据专业培养方案，为学生安排符合要求的顶岗实习岗位。

(3) 全面负责顶岗实习的组织、实施和管理。

(4) 配备责任心强、有实践经验的顶岗实习指导教师和管理人员。

(5) 对顶岗实习基地（单位）的指导教师进行必要的培训。

(6) 根据顶岗实习单位的要求，优先向其推荐优秀毕业生。

5.2.2 顶岗实习基地（单位）应享有的权利和应履行的义务是：

(1) 建立顶岗实习管理机构，安排固定人员管理顶岗实习工作，并选派有经验的专业务人员担任顶岗实习指导教师，承担业务指导的主要职责。

(2) 负责对顶岗实习学生工作时间内的管理。

(3) 参与制定顶岗实习计划。

(4) 为顶岗实习学生提供必要的工作、学习及生活条件，提供或借用劳动防护用品。

(5) 享有优先选聘顶岗实习学生的权利。

(6) 依法保障顶岗实习学生的休息休假和劳动安全卫生。

5.2.3 顶岗实习学生应享有的权利和应履行的义务是：

(1) 遵守国家法律法规和顶岗实习基地（单位）规章制度，遵守实习纪律。

(2) 服从领导和工作安排，尊重、配合指导教师的工作，及时反馈实习的意见和建议，与顶岗实习基地（单位）员工团结协作。

(3) 认真执行工作程序，严格遵守安全操作规程。

(4) 依法享有休息休假和劳动保护权利。

（5）遵守保密规定，不泄露顶岗实习基地（单位）的技术、财务、人事、经营等机密。

（6）学生在顶岗实习期间所形成的一切工作成果均属顶岗实习基地（单位），将其应用于顶岗实习工作以外的任何用途，均需顶岗实习基地（单位）的同意。

5.3　实 习 过 程 管 理

5.3.1　实习过程管理宜参考以下规定：

（1）学生每日须撰写实习周志，每月撰写月总结，实习结束撰写顶岗实习报告。

（2）实习日志要认真记录顶岗实习内容和收获，每天字数不得少于100字。

（3）实习月总结，不少于500字。每月总结需单位指导教师批阅并签字。

（4）顶岗实习报告，不少于3000字。顶岗实习报告需单位指导教师批阅并签字，需单位盖章。

（5）实习日志、实习月总结、顶岗实习报告格式必须由学校统一制定。

5.3.2　学校根据实习管理要求宜建立顶岗实习管理制度。

5.4　实 习 安 全 管 理

5.4.1　安全管理规定如下：

（1）实习学生须参加顶岗实习安全动员大会及安全交底会议，并签署"顶岗实习安全协议"。

（2）对学生进行加强自我保护与防范意识，注意防盗、防骗的教育。

（3）指导教师应常提醒学生注意饮食卫生及交通、财物、人身安全，增强自我保护意识，切实做好自身安全工作。

（4）学生遇到突发情况应及时与实习单位、所在地派出所等公安机构以及家长、学校教师联系。

5.4.2　纪律要求如下：

（1）实习期间应注意实习期间生产、生活、交通等方面的安全。

（2）严格遵守实习单位的劳动纪律、安全纪律及安全规范。

（3）严格遵守国家法律法规、遵守社会公共秩序。

5.4.3　顶岗实习应建立应急预案的要求：

为了确保学生顶岗实习期间的交通、生命财产的安全，维护正常的顶岗实习的教学秩序，最大限度降低突发性事件的危害，依据相关法律、法规、规章的要求，按照"预防为主，安全第一"的原则，学校应建立学生顶岗实习期间学生活动安全责任预警方案，减少伤害事故，为学生健康成长提供制度保障。

5.5　实 习 经 费 保 障

5.5.1　实习教学经费是指由学校预算安排，属实习教学专项经费，应实行"统一计划、统筹分配、专款专用"的原则。任何单位和个人不得挤占、截留和挪用。

5.5.2　实习教学经费开支范围可包括：实习教学指导教师的交通费、住宿费、补助费，学生意外伤害保险费，实习教学资料费，实习单位的实习教学管理费、参观费，聘请实习单位技术人员指导费及授课酬金等。

5.5.3　鼓励有条件的实习单位向顶岗实习学生按工作量或工作时间支付合理的实习报酬。实习报酬的形式、内容和标准应当通过签订顶岗实习协议进行约定。不得向学生收取实习押金和实习报酬提成。

高职高专教育供热通风与空调工程技术专业

顶岗实习标准

1. 总　　则

1.0.1　为了推动供热通风与空调工程技术专业校企合作、工学结合人才培养模式改革，保证顶岗实习效果，提高人才培养质量，特制定本标准。

1.0.2　本标准依据供热通风与空调工程技术专业学生的专业能力和知识的基本要求制定，是《高职高专教育供热通风与空调工程技术专业教学基本要求》的重要组成部分。

1.0.3　本标准是学校组织实施供热通风与空调工程技术专业顶岗实习的依据，也是学校、企（事）业合作建设供热通风与空调工程技术专业顶岗实习基地的标准。

1.0.4　供热通风与空调工程技术专业顶岗实习应达到的教学目标是：

（1）使学生充分感受企业文化、体验职业环境、树立职业理想、遵守行业规程、养成良好的职业道德和职业素养。

（2）培养学生吃苦耐劳、热爱本职工作的职业精神。

（3）增强学生质量意识和安全生产意识。

（4）增强学生团队协作能力及组织协调和沟通交往意识。

（5）使学生能够将所学知识与技能综合应用于工程实践，获取初步的岗位工作经验。

1.0.5　供热通风与空调工程技术专业的顶岗实习，除应执行本标准外，尚应执行《供热通风与空调工程技术专业教学基本要求》和国家相关法律法规。

2. 术　　语

2.0.1　顶岗实习

指高等职业院校根据专业培养目标要求，组织学生以准员工的身份进入企（事）业等单位专业对口的工作岗位，直接参与实际工作过程，完成一定工作任务，以获得初步的岗位工作经验、养成良好职业素养的一种实践性教学形式。

2.0.2　顶岗实习基地

指具有独立法人资格，具备接受一定数量学生顶岗实习的条件，愿意接纳学生顶岗实习，并与学校具有稳定合作关系的企（事）业等单位。

2.0.3　企业资质

是指企业在从事某种行业经营中，应具有的资格以及与此资格相适应的质量等级标准。企业资质包括企业的人员素质、技术及管理水平、工程设备、资金及效益情况、承包经营能力和建设业绩等。

2.0.4　实习指导教师

指专门负责学生顶岗实习指导、管理的学校教师和企（事）业有经验的专业技术人员。

2.0.5　实习协议

是按照《职业教育法》及各省、市、自治区劳动保障部门的相关规定，由学校、企业、学生达成的实习协议。

3. 实习基地条件

3.1 一般规定

3.1.1 学校应建立稳定的顶岗实习基地。顶岗实习基地应建立在具有独立法人资格、自愿接纳学生顶岗实习的从事建筑设备安装工程设计、施工、运行管理、技术咨询、产品生产等业务的具有相应企业资质的单位。

3.1.2 顶岗实习基地应具备以下基本条件：

(1) 有常设的实习管理机构和管理人员。

(2) 有健全的实习管理制度。

(3) 有完备的劳动保护和职业卫生条件。

3.1.3 顶岗实习基地宜提供与本专业培养目标相适应的职业岗位，并应对学生实施轮岗实习。

3.2 资质与资信

3.2.1 顶岗实习基地的资质应满足以下要求：

(1) 具有房屋建筑工程施工总承包企业资质三级及以上。

(2) 具有机电安装工程施工总承包企业资质三级及以上。

(3) 具有机电设备安装工程专业承包企业资质三级及以上。

(4) 具有消防设施工程专业承包企业资质三级及以上。

(5) 具有管道工程专业承包企业资质二级及以上。

(6) 具有水暖电安装作业分包企业资质二级及以上。

3.2.2 顶岗实习基地的资信应满足以下要求：

(1) 实习单位的营业执照、资质证书、安全生产许可证、税务登记证、组织机构代码齐全，内容真实正确。

(2) 实习单位近三年无重大人为安全事故。

(3) 企业信用等级优良（A级及以上），业界评价好。

3.3 场地与设施

3.3.1 实习场地主要工程内容应能满足本专业学生顶岗实习教学要求。

3.3.2 实习场地应有固定的办公场所，能提供必要的工作条件，网络、移动通信畅通。

3.3.3 实习场地宜为学生提供必需的食宿条件和劳动防护用品，并保障学生实习期间的生活便利、饮食安全和人身安全。

3.4 岗位与人员

3.4.1 顶岗实习基地每个岗位接收学生人数不宜超过5人。

4. 实习内容与实施

4.1 一 般 规 定

4.1.1 学校应根据顶岗实习内容选择适宜的工程项目。

4.1.2 顶岗实习的内容安排应与专项技能实训、综合实训有机衔接。

4.1.3 顶岗实习岗位应包括施工员、造价员、质量员、资料员、设计员、监理员，并宜包括运行技术员等。

4.2 实 习 时 间

4.2.1 顶岗实习时间不应少于1学期，宜安排在第3学年第2学期。各学校宜利用假期等适当延长顶岗实习时间。

4.2.2 实习时间累计不宜少于18周。对有条件轮岗的，设计岗位顶岗实习时间不宜少于4周，安装施工岗位顶岗实习时间不宜少于7周，工程造价岗位顶岗实习时间不宜少于3周，运行管理或监理岗位顶岗实习时间不宜少于4周。

4.3 实 习 内 容 及 要 求

4.3.1 设计岗位的实习内容及要求应符合表4.3.1的要求。

4.3.2 施工安装岗位的实习内容及要求应符合表4.3.2的要求。

4.3.3 工程造价岗位的实习内容及要求应符合表4.3.3的要求。

4.3.4 运行管理岗位的实习内容及要求应符合表4.3.4的要求。

设计岗位的实习内容及要求 表4.3.1

序号	实习项目	实习内容	实习目标	实习要求
1	采暖工程设计	（1）采暖系统热负荷的计算； （2）采暖系统形式的选择； （3）散热器的选型、面积计算及布置； （4）采暖管道的布置及水力计算； （5）采暖系统支架、补偿器、阀门附件的选择与布置； （6）采暖施工图的绘制	（1）会进行采暖系统热负荷的计算； （2）会根据实际建筑进行采暖系统形式的选择； （3）会进行散热器的选型、规格计算及布置； （4）会进行采暖管道的布置及水力计算； （5）会进行采暖系统支架、补偿器、阀门附件的选择与布置； （6）会进行采暖施工图的绘制	（1）计算书：热负荷计算书和水力计算书要求公式运用正确，引用数据有根据，计算步骤层次清楚，计算结果正确，计算书表格清晰合理； （2）图纸：设计图纸要求达到施工图设计深度，图面美观，设计合理，并符合制图标准

序号	实习项目	实习内容	实习目标	实习要求
2	空调工程设计	（1）空调系统冷（热）负荷的计算； （2）空调系统形式的选择； （3）空气处理设备的选型及布置； （4）空调送回风口的选型及布置； （5）空调风系统管路的布置及水力计算； （6）空调水系统管路的布置及水力计算； （7）制冷（热）机房的布置及设备的选型； （8）空调施工图的绘制	（1）会进行空调系统冷（热）负荷的计算； （2）会根据实际建筑进行空调系统形式的选择； （3）会进行空气处理设备的选型及布置； （4）会进行空调送回风口的选型及布置； （5）会进行空调风系统管路的布置及水力计算； （6）会进行空调水系统管路的布置及水力计算； （7）会进行制冷（热）机房的布置及设备的选型； （8）会进行空调施工图的绘制	（1）计算书：冷（热）负荷计算书和水力计算书要求公式运用正确，引用数据有根据，计算步骤层次清楚，计算结果正确，计算书表格清晰合理； （2）图纸：设计图纸要求达到施工图设计深度，图面美观，设计合理，并符合制图标准

施工安装岗位的实习内容及要求　　　　表 4.3.2

序号	实习项目	实习内容	实习目标	实习要求
1	施工技术管理	（1）参与图纸会审、技术核定； （2）参与施工作业班组的技术交底； （3）参与测量放线	初步具备施工技术管理能力	（1）能够对设计图纸常见的技术问题提出改进意见； （2）能够完成一般设备安装工程的技术交底； （3）熟练完成测量放线
2	施工进度成本控制	（1）参与制定并调整施工进度计划、施工资源需求计划和编制施工作业计划； （2）参与施工现场组织协调，落实施工作业计划； （3）参与现场经济签证、成本控制及成本核算	初步具备施工进度控制能力	（1）能够完成一般设备安装工程的施工计划、施工资源需求计划和施工作业计划； （2）初步具备施工现场的沟通协调能力，执行施工作业计划； （3）会正确填写现场经济签证。初步具备成本控制及成本核算能力
3	质量安全管理	（1）参与质量、环境与职业健康安全的预控； （2）负责施工作业的质量、环境与职业健康安全控制，参与隐蔽、分项和单位工程的质量验收； （3）参与质量、环境与职业健康安全问题的调查，提出整改措施并落实	初步具备施工质量和安全控制能力	（1）能够对质量、环境与职业健康安全进行正确预控； （2）能够进行隐蔽、分项和单位工程的质量验收； （3）能够对质量、环境与职业健康安全问题的调查结果提出整改措施并落实

序号	实习项目	实习内容	实习目标	实习要求
4	施工信息资料管理	（1）编写施工日志、施工记录等相关施工资料； （2）参与汇总、整理施工资料	具备整理施工技术资料管理能力	（1）编写施工日志、施工记录等相关施工资料完成准确，重点突出，条理清晰； （2）能够熟练汇总、整理施工资料

工程造价岗位的实习内容及要求 表 4.3.3

序号	实习项目	实习内容	实习目标	实习要求
1	给排水安装工程造价	（1）给排水施工图的识读； （2）给排水工程量计算； （3）给排水工程量清单编制； （4）给排水工程投标报价编制； （5）工程报价书整理、装订	（1）能够识读给排水工程施工图； （2）能熟练应用给排水工程定额； （3）会编制给排水工程量清单； （4）会编制给排水工程投标报价； （5）学会收集给排水工程造价相关市场信息	（1）工程量清单内容齐全，无多项漏项； （2）套用定额正确，取费标准符合要求； （3）投标报价合理； （4）报价书装订顺序正确
2	采暖工程造价	（1）采暖施工图的识读； （2）采暖工程量计算； （3）采暖工程量清单编制； （4）采暖工程投标报价编制； （5）工程报价书整理、装订	（1）能够识读采暖工程施工图； （2）能熟练应用采暖工程定额； （3）会编制采暖工程量清单； （4）会编制采暖工程投标报价； （5）学会收集采暖工程造价相关市场信息	（1）工程量清单内容齐全，无多项漏项； （2）套用定额正确，取费标准符合要求； （3）投标报价合理； （4）报价书装订顺序正确
3	通风空调工程造价	（1）通风空调施工图的识读； （2）通风空调工程量计算； （3）通风空调工程量清单编制； （4）通风空调工程投标报价编制； （5）工程报价书整理、装订	（1）能够识读通风空调工程施工图； （2）能熟练应用通风空调工程定额； （3）会编制通风空调工程量清单； （4）会编制通风空调工程投标报价； （5）学会通风空调收集工程造价相关市场信息	（1）工程量清单内容齐全，无多项漏项； （2）套用定额正确，取费标准符合要求； （3）投标报价合理； （4）报价书装订顺序正确
4	安装工程施工组织设计	（1）建筑安装工程施工组织设计的编制； （2）建筑安装工程施工进度、质量、成本、安全、合同、信息控制措施	（1）能结合项目具体情况编制安装工程施工组织设计； （2）初步具备施工进度、质量、成本、安全等方面管理能力； （3）熟悉施工现场，能协调施工安装过程中出现的一些简单问题	（1）施工组织设计编制内容齐全； （2）施工方案符合现场情况，合理可行； （3）施工进度、质量、安全、成本等控制措施具有可操作性

序号	实习项目	实习内容	实习目标	实习要求
1	供热运行管理	（1）热力站正常启动与停机操作； （2）供热系统的运行调节； （3）常见供热系统运行故障分析与排除； （4）供热系统日常维护； （5）运行管理日志的填写	（1）会进行热力站正常启动与停机操作； （2）初步具备供热系统运行调节能力； （3）会进行常见供热系统运行故障分析与排除； （4）初步具备供热系统日常维护能力； （5）会正确填写运行管理日志	（1）热力站启动与停机操作符合规范要求； （2）供热系统的运行调节方法正确，室内参数满足要求； （3）能正确排除供热系统运行故障； （4）能正确进行供热系统日常维护； （5）运行管理日志填写正确
2	空调运行管理	（1）空调系统正常启动与停机操作； （2）空调系统的运行调节； （3）常见空调系统运行故障分析与排除； （4）空调系统日常维护； （5）运行管理日志的填写	（1）会进行空调系统正常启动与停机操作； （2）初步具备空调系统运行调节能力； （3）会进行常见空调系统运行故障分析与排除； （4）初步具备空调系统日常维护能力； （5）会正确填写运行管理日志	（1）空调系统启动与停机操作符合规范要求； （2）空调系统的运行调节方法正确，室内参数满足要求； （3）能正确排除空调系统运行故障； （4）能正确进行空调系统日常维护； （5）运行管理日志填写正确

4.4 指 导 教 师 配 备

4.4.1 顶岗实习必须配备一定数量的校内指导教师和企业指导教师，共同管理和指导学生顶岗实习，且应以企业指导教师指导为主。

4.4.2 校内指导教师的配备应符合以下要求：

（1）学校指导教师应有三年以上供热通风与空调工程技术专业的教学工作经历，担任过一门以上专业课程的教学，独立指导过本专业工种基本技能操作实训和施工安装实习等实践教学环节。

（2）学校指导教师应具有讲师以上职称，并具有双师素质。

（3）学校应根据学生人数合理配置校内指导教师，每班宜配置 2 名校内指导教师，负责顶岗实习全过程管理及指导。

4.4.3 企业指导教师的配备应符合以下要求：

（1）企业指导教师应有三年以上供热通风与空调工程技术专业的工作经历，全过程主持过大中型项目的水暖、通风空调工程的施工管理、工程设计、招投标文件的编制工作。

（2）企业指导教师应具有工程师及以上职称，并具有一定的现场管理经验。

（3）各实习基地应根据各自单位的具体岗位、实习学生人数等情况合理配置一定数量的企业指导教师，每个实习场地至少配置 1 名企业指导教师。

4.5 实 习 考 核

4.5.1 学校应与顶岗实习基地共同建立对学生的顶岗实习考核制度,共同制定实习评价标准,共同组织实施,以企业考核为主。考核方式如下:

(1) 考核成绩构成。实习单位实习指导教师对学生的考核,宜占总成绩的70%;校内实习指导教师对学生顶岗实习过程检查及实习报告进行评价,宜占总成绩的30%。

(2) 实习单位实习指导教师对学生的考核。实习单位要对学生在实习岗位的表现情况进行考核,由实习指导教师签字并加盖单位公章。

(3) 校内实习指导教师对学生的考核。校内实习指导教师要对学生在实习全过程表现进行考核,实习学生每天要写实习日志,实习结束时要写出顶岗实习报告,校内实习指导教师要对学生顶岗实习过程检查情况和实习报告进行评价,必要时可组织实习报告答辩,给出评价成绩。

(4) 考核等级。成绩宜按优、良、中、及格、不及格五个等级评定。

5. 实 习 组 织 管 理

5.1 一 般 规 定

5.1.1 学校、企业和学生本人应订立三方协议，规范各方权利和义务。

5.1.2 学生实习期间，必须按国家有关规定购买意外伤害保险。

5.1.3 顶岗实习前，学校、顶岗实习基地（单位）应对学生进行以下教育培训：

（1）学校应对学生进行实习动员和安全文明教育，时间不宜少于 2 学时。

（2）顶岗实习基地应在实习前进行实习项目的基本操作规程和安全文明生产教育，时间不宜少于 4 学时。

5.1.4 学校与实习基地应共同建立顶岗实习组织管理机构，共同制定顶岗实习计划，共同负责组织、管理、安排和协调学生顶岗实习事宜。

5.2 各方权利和义务

5.2.1 学校应享有的权利和应履行的义务是：

（1）进行顶岗实习基地的规划和建设，根据专业性质的不同，建立数量适中、布点合理、稳定的顶岗实习基地。

（2）根据专业培养方案，为学生提供符合要求的顶岗实习岗位。

（3）全面负责顶岗实习的组织、实施和管理。

（4）配备责任心强、有实践经验的顶岗实习指导教师和管理人员。

（5）对顶岗实习基地的指导教师进行必要的培训。

（6）根据顶岗实习基地的要求，优先向其推荐优秀毕业生。

5.2.2 顶岗实习基地应享有的权利和应履行的义务是：

（1）建立顶岗实习管理机构，安排固定人员管理顶岗实习工作，并选派有经验的专业技术人员担任顶岗实习指导教师，承担业务指导的主要职责。

（2）负责对顶岗实习学生工作时间内的管理。

（3）参与制定顶岗实习计划。

（4）为顶岗实习学生提供必要的住宿、工作、学习、生活条件，提供或借用劳动防护用品。

（5）享有优先选聘顶岗实习学生的权利。

（6）依法保障顶岗实习学生的休息休假和劳动安全卫生。

5.2.3 顶岗实习学生应享有的权利和应履行的义务是：

（1）遵守国家法律法规和顶岗实习基地规章制度，遵守实习纪律。

（2）服从领导和工作安排，尊重、配合指导教师的工作，及时吸收实习的反馈意见和建议，与顶岗实习基地员工团结协作。

（3）认真执行工作程序，严格遵守安全操作规程。

（4）依法享有休息休假和劳动保护权利。

（5）遵守保密规定，不泄露顶岗实习基地的技术、财务、人事、经营等机密。

（6）学生在顶岗实习期间所形成的一切工作成果均属顶岗实习基地，将其应用于顶岗实习工作以外的任何用途，均需顶岗实习基地的同意。

5.3 实 习 过 程 管 理

5.3.1 学校和实习单位在学生顶岗实习期间，应当维护学生的合法权益，确保学生在实习期间的人身安全和身心健康。

5.3.2 学校组织学生顶岗实习应当遵守相关法律法规，制定具体的管理办法，并报上级教育行政部门和行业主管部门备案。

5.3.3 学校应当对学生顶岗实习的单位、岗位进行实地考察，考察内容应包括：学生实习岗位工作性质、工作内容、工作时间、工作环境、生活环境及安全防护等方面。

5.3.4 学生到实习单位顶岗实习前，学校、实习单位、学生应签订三方顶岗实习协议，明确各自责任、权利和义务。对于未满18周岁的学生，应由学校、实习单位、学生与法定监护人（家长）共同签订，顶岗实习协议内容必须符合国家相关法律法规要求。

5.3.5 学校和实习单位应当为学生提供必要的顶岗实习条件和安全健康的顶岗实习劳动环境。不得通过中介机构有偿代理组织、安排和管理学生顶岗实习工作；学生顶岗实习应当执行国家在劳动时间方面的相关规定。

5.3.6 建立学校、实习单位和学生家长定期信息通报制度。学校向家长通报学生顶岗实习情况。学校与实习单位共同做好顶岗实习期间的教育教学工作。

5.3.7 顶岗实习基地接收顶岗实习学生人数超过20人以上的，学校要安排实习指导教师入住实习基地，与企业共同指导与管理实习学生，低于20人的指导教师每周应赴企业巡查一次，并能及时处理顶岗实习中出现的有关问题，确保学生顶岗实习工作的正常秩序。有条件的学校宜根据实习学生分布情况按地区建立实习指导教师驻地工作站。

5.3.8 学生顶岗实习期间，遇到问题或突发事件，应及时向实习指导教师和实习单位及学校报告。

5.4 实 习 安 全 管 理

5.4.1 学校和实习基地在学生顶岗实习期间，应当维护学生的合法权益，确保学生在实习期间的人身安全和身心健康。学生顶岗实习工作时间原则上不得超过劳动法的有关规定。

5.4.2 学校顶岗实习管理领导小组检查监控二级学院（系）顶岗实习过程，各二级学院（系）顶岗实习工作小组要注重实习过程中的安全教育、防护工作，确定安全管理责任人。

5.5 实 习 经 费 保 障

5.5.1 实习教学经费是指由学校预算安排，属实习教学专项经费，应实行"统一计划、统筹分配、专款专用"的原则。任何单位和个人不得挤占、截留和挪用。

5.5.2 实习教学经费开支范围可包括：校内实习指导教师的交通费、住宿费、补助费，学生意外伤害保险费，实习教学资料费，实习基地的实习教学管理费、参观费、授课酬金等。

5.5.3 鼓励有条件的实习基地向顶岗实习学生支付合理的实习补助。实习补助的标准应当通过签订顶岗实习协议进行约定。不得向学生收取实习押金和实习报酬提成。

高职高专教育给排水工程技术专业

顶岗实习标准

1. 总　　则

1.0.1　为了推动给排水工程技术专业校企合作、工学结合人才培养模式改革，保证顶岗实习效果，提高人才培养质量，特制定本标准。

1.0.2　本标准依据给排水工程技术专业学生的专业能力和知识的基本要求制定，是《高职高专教育给排水工程技术专业教学基本要求》的重要组成部分。

1.0.3　本标准是学校组织实施给排水工程技术专业顶岗实习的依据，也是学校、企（事）业合作建设给排水工程技术专业顶岗实习基地的标准。

1.0.4　给排水工程技术专业顶岗实习应达到的教学目标是：

（1）使学生能够将所学专业知识与技能综合应用于给排水工程实践。

（2）使学生对企（事）业组织机构与职能、企（事）业的运作方式有进一步的了解，自觉遵守职业纪律。

（3）使学生充分感受企业文化、体验职业环境、树立职业理想、养成良好的职业道德和职业素养。

（4）使学生获取初步的职业岗位工作经验。

1.0.5　给排水工程技术专业的顶岗实习，除应执行本标准外，尚应执行国家相关法律法规。

2. 术　语

2.0.1　顶岗实习

指职业院校根据专业培养目标要求，组织学生以准员工的身份进入企（事）业等单位专业对口的工作岗位，直接参与实际工作过程，完成一定工作任务，以获得初步的岗位工作经验、养成良好职业素养的一种实践性教学形式。

2.0.2　顶岗实习基地

指具有独立法人资格，具备接受一定数量学生顶岗实习的条件，愿意接纳顶岗实习学生，并与学校具有稳定合作关系的企（事）业等单位。

2.0.3　实习指导教师

指专门负责学生顶岗实习指导、管理的学校给排水工程技术专业教师和企（事）业有经验的给排水工程技术专业技术人员。

2.0.4　实习协议

是按照《职业教育法》及各省、市、自治区劳动保障部门的相关规定，由学校、企业、学生达成三方协议。

3. 实习基地条件

3.1 一般规定

3.1.1 学校应建立稳定的顶岗实习基地。顶岗实习基地应建立在符合顶岗实习条件，自愿接纳顶岗实习学生的建筑安装公司、水厂、中小型设计单位、工程造价咨询公司、市政工程公司、监理公司、建筑施工企业、房地产公司、消防公司及环保部门等企（事）业单位。

3.1.2 顶岗实习基地应具备以下基本条件：

（1）有专门的实习管理机构和管理人员。

（2）有健全的实习管理制度。

（3）有完备的劳动安全保障和职业卫生条件。

3.1.3 顶岗实习基地应提供与本专业培养目标相适应的职业岗位，并宜对学生实施轮岗实习。

3.2 资质与资信

3.2.1 实习基地应具备以下资质：

（1）房屋建筑工程施工总承包企业资质三级及以上。

（2）市政公用工程施工总承包企业资质三级及以上。

（3）机电安装工程施工总承包企业资质三级及以上。

（4）消防设施工程专业承包企业资质三级及以上。

（5）机电设备安装专业承包企业资质三级及以上。

（6）环保工程专业承包企业资质二级及以上。

（7）管道工程专业承包企业资质二级及以上。

（8）水暖电安装作业分包企业资质二级及以上。

3.2.2 实习基地应有良好信誉，资信状况良好，且宜具备A级及A级以上资信等级证明。

3.3 场地与设施

3.3.1 实习基地应具备符合学生实习的场所和设施，每个实习学生应具有办公桌椅、计算机，必备的施工规范、资料等。

3.3.2 实习基地宜为学生提供必需的食宿条件和劳动防护用品，保障学生实习期间的生活便利和人身安全。

3.4 岗位与人员

3.4.1 实习基地可提供施工员、质量员、安全员、造价员等岗位。

3.4.2 实习基地接收实习学生数宜为5～10人。

3.4.3 实习基地的每个岗位接收实习学生不宜超过5人。

4. 实习内容与实施

4.1 一般规定

4.1.1 学校应根据顶岗实习内容选择适宜的工程项目。

4.1.2 顶岗实习的内容和时间安排应与专项技能实训、综合实训有机衔接。

4.1.3 顶岗实习岗位应包括施工员、造价员、安全员、资料员，并宜包括运行技术员、设计员等。

4.2 实习时间

4.2.1 顶岗实习时间不应少于一学期，宜安排在 3 个学年的最后 1 年或 1 个学期。各学校宜利用假期等适当延长顶岗实习时间。

4.2.2 主要岗位实习时间不宜少于 1 个月。

4.3 实习内容及要求

4.3.1 给排水工程技术专业顶岗实习岗位的实习内容及要求应符合表 4.3.1 的要求。

给排水工程技术专业顶岗实习岗位的实习内容及要求 表 4.3.1

序号	实习岗位	实习内容	实习目标	实习要求
1	给排水工程施工技术管理	（1）熟悉国家的技术标准和规范； （2）审查图纸，编制施工方案，提出材料计划； （3）技术及安全交底； （4）现场技术管理、资料管理； （5）控制进度，文明施工； （6）施工过程控制，质量管理； （7）项目成本核算	（1）具备组织协调、合作沟通能力； （2）能编制施工方案； （3）能组织施工，进行施工技术管理； （4）能进行施工进度与成本控制； （5）具备施工质量和安全控制能力； （6）会审专业施工图纸，能根据施工实际对设计图纸提出合理的修正意见； （7）能协调施工过程中出现的一些简单问题	（1）企业指导老师指导为主； （2）学生填写顶岗实习周记； （3）企业指导教师填写顶岗实习日志； （4）学校指导教师填写顶岗实习教师日志
2	给排水工程造价管理	（1）熟习相关法律法规； （2）参加图纸会审，编制工程造价文件； （3）参与投标文件编制与合同管理； （4）收集经济技术资料； （5）编制工程结算书； （6）参与工程造价管理	（1）具有严谨的工作作风和良好的职业道德； （2）具有正确应用定额、执行相关法律法规的能力； （3）能编制给排水工程清单计价文件； （4）能编制给排水工程招标控制价、投标报价文件； （5）能编制给排水工程施工图预算、竣工结算文件； （6）会计算给排水工程变更、索赔造价； （7）能处理简单给排水工程造价纠纷	（1）学校、企业指导老师共同指导； （2）学生填写顶岗实习周记； （3）企业指导教师填写顶岗实习日志； （4）学校指导教师填写顶岗实习教师日志

序号	实习岗位	实习内容	实习目标	实习要求
3	给排水工程安全生产检查与管理	(1) 熟悉国家地方有关主管部门关于安全的方针政策、规范、制度； (2) 参与检查督促施工现场的安全生产、劳动保护等各项安全规定的落实； (3) 安全技术措施编制、安全技术交底； (4) 安全检查与控制； (5) 安全防范和事故处理	(1) 树立安全生产、劳动保护意识； (2) 能编制给排水工程安全技术措施； (3) 能对各分部分项工程施工的安全注意事项进行安全交底； (4) 能够对各分部分项工程安全防护、安全操作、施工质量进行监督检查，能及时发现问题并解决，消除安全和质量隐患	(1) 企业指导老师指导为主； (2) 学生填写顶岗实习周记； (3) 企业指导教师填写顶岗实习日志； (4) 学校指导教师填写顶岗实习教师日志
4	给排水工程施工资料收集与管理	(1) 学习工程项目资料、图纸等的收集、归档及管理； (2) 参加分部分项工程验收资料填写、整理工作； (3) 学习计划、统计的管理工作； (4) 工程项目的内业管理工作及其他任务	(1) 会进行资料分类、汇总、整理、归档； (2) 能正确填写分部分项工程的验收资料； (3) 具备整理施工技术资料的能力； (4) 具备资料信息系统管理的能力	(1) 企业指导老师指导为主； (2) 学生填写顶岗实习周记； (3) 企业指导教师填写顶岗实习日志； (4) 学校指导教师填写顶岗实习教师日志
5	水厂运行管理	(1) 泵站的正常启动与停机操作； (2) 设备、设施维护； (3) 泵站运行故障分析与排除； (4) 运行管理日志的填写	(1) 熟悉操作规程，树立安全意识； (2) 具备泵站运行管理能力； (3) 能排除泵站运行故障； (4) 能够进行一般设备、设施维护； (5) 会填写运行管理日志	(1) 企业指导老师指导为主； (2) 学生填写顶岗实习周记； (3) 企业指导教师填写顶岗实习日志； (4) 学校指导教师填写顶岗实习教师日志

4.3.2 顶岗实习应根据实习单位情况进行岗位轮换，轮岗实习周期宜结合具体工程项目进行安排。

4.4 指导教师配备

4.4.1 顶岗实习必须配备一定数量的校内指导教师和企业指导教师，共同管理和指导学生顶岗实习，且应以企业指导教师指导为主。

4.4.2 各校应根据学生人数合理配置校内指导教师，每班宜配置 1～2 名校内指导教师，负责顶岗实习全过程管理及指导。校内指导教师应满足以下要求：

(1) 具有扎实的给排水专业理论知识和丰富的给排水工程实践经验。

(2) 具有一定的管理能力，且具备中级及以上职称的"双师型"教师。

4.4.3 各实习基地应根据各自单位的具体岗位、实习学生人数等情况合理配置一定数量的企业指导教师，每个实习基地的一个岗位至少配置 1 名企业指导教师。企业指导教师应在给排水专业工作岗位工作不少于 5 年，且具有丰富的岗位工作经验。

4.5 实 习 考 核

4.5.1 学校应与顶岗实习基地（单位）共同建立对学生的顶岗实习考核制度，共同制定实习评价标准。

4.5.2 顶岗实习考核应由学校组织，学校、企业、学生顶岗实习组织机构共同实施，以企业考核为主。

4.5.3 顶岗实习成绩宜按优、良、中、及格与不及格五级制评定。

5. 实 习 组 织 管 理

5.1 一 般 规 定

5.1.1 学校、企业和学生本人应订立三方协议，规范各方权利和义务。

5.1.2 学生实习期间，必须按国家有关规定购买意外伤害保险。

5.1.3 顶岗实习前，学校、顶岗实习基地（单位）应对学生进行以下教育培训：

（1）进行岗前动员培训。

（2）进行职业道德、遵守企业各项规章制度和国家的各项法律法规教育培训。

（3）进行企业文化、安全教育培训。

（4）进行企业商业机密保守、知识产权保护培训。

5.1.4 学校与顶岗实习基地应建立顶岗实习组织管理机构，共同制定顶岗实习计划，共同负责组织、管理、安排和协调学生顶岗实习事宜。

5.2 各方权利和义务

5.2.1 学校应享有的权利和应履行的义务是：

（1）进行顶岗实习基地的规划和建设，根据专业性质的不同，建立数量适中、布点合理、稳定的顶岗实习基地。

（2）根据专业培养方案，为学生提供符合要求的顶岗实习岗位。

（3）全面负责顶岗实习的组织、实施和管理。

（4）配备责任心强、有实践经验的顶岗实习指导教师和管理人员。

（5）对顶岗实习基地（单位）的指导教师进行必要的培训。

（6）根据顶岗实习单位的要求，优先向其推荐优秀毕业生。

5.2.2 顶岗实习基地（单位）应享有的权利和应履行的义务是：

（1）建立顶岗实习管理机构，安排固定人员管理顶岗实习工作，并选派有经验的专业人员担任顶岗实习指导教师，承担业务指导的主要职责。

（2）负责对顶岗实习学生工作时间内的管理。

（3）参与制定顶岗实习计划。

（4）为顶岗实习学生提供必要的住宿、工作、学习、生活条件，提供或借用劳动防护用品。

（5）享有优先选聘顶岗实习学生的权利。

（6）依法保障顶岗实习学生的休息休假和劳动安全卫生。

（7）宜根据相关法律法规和企业实际情况每月支付学生一定的劳动报酬。

5.2.3 顶岗实习学生应享有的权利和应履行的义务是：

（1）遵守国家法律法规和顶岗实习基地（单位）规章制度，遵守实习纪律。

（2）服从领导和工作安排，尊重、配合指导教师的工作，及时对实习提反馈意见和建议，与顶岗实习基地（单位）员工团结协作。

（3）认真执行工作程序，严格遵守安全操作规程。

（4）依法享有休息休假和劳动保护权利。

（5）遵守保密规定，不泄露顶岗实习基地（单位）的技术、财务、人事、经营等机密。

（6）学生在顶岗实习期间所形成的一切工作成果均属顶岗实习基地（单位），将其应用于顶岗实习工作以外的任何用途，均需顶岗实习基地（单位）的同意。

5.3 实 习 过 程 管 理

5.3.1 各院校应当建立健全顶岗实习管理制度。要加强监督检查，协调实习单位，共同做好顶岗实习管理工作，保证顶岗实习工作、安全和有序。

5.3.2 学校应当对学生顶岗实习的单位、岗位进行实地考察，考察内容应包括：学生实习岗位工作性质、工作内容、工作时间、工作环境、生活环境及安全防护等方面。

5.3.3 学生进入岗位前，学校应召开岗前动员会，布置顶岗实习任务。

5.3.4 学校应配备指导教师进行顶岗实习全过程管理。实习指导教师应建立实习日志，通过QQ、微信、邮箱网络平台及电话联系，跟踪检查顶岗实习情况，及时处理顶岗实习中出现的有关问题，确保学生顶岗实习工作的正常秩序。

5.3.5 建立学校、实习单位和学生家长定期信息通报制度。学校向家长通报学生顶岗实习情况。学校与实习单位共同做好顶岗实习期间的教育教学工作。

5.4 实 习 安 全 管 理

5.4.1 学校和实习单位在学生顶岗实习期间，应当维护学生的合法权益，确保学生在实习期间的人身安全和身心健康。学生顶岗实习日工作时间不得超过劳动法的有关规定。

5.4.2 学校和实习单位应当加强顶岗实习学生安全意识教育、岗前安全生产教育和培训，保证顶岗实习学生具备必要的安全生产知识和自我保护能力，掌握本岗位的安全操作技能。未经安全生产教育和培训的实习学生，不得顶岗作业。

5.4.3 学校和实习单位应加强学生在实习期间的住宿管理，并在三方顶岗实习协议中作出明确约定，保障学生的住宿安全。

5.4.4 实习单位应当根据接收学生实习的需要，建立、健全本单位安全生产责任制，制定相关安全生产规章制度和操作规程，制定并实施本单位的生产安全事故应急救援预案，为实习场所配备必要的安全保障器材。

5.4.5 顶岗实习期间学生人身伤害事故的赔偿，应当依据《中华人民共和国侵权责任法》和教育部《学生伤害事故处理办法》等有关规定处理。

5.5 实 习 经 费 保 障

5.5.1 学校应制定实习专项经费实施细则。

5.5.2 实习经费应实行专款专用。

5.5.3 实习教学经费开支范围可包括：实习教学指导教师的交通费、住宿费、补助费，学生意外伤害保险费，实习教学资料费，实习单位的实习教学管理费、参观费，聘请实习单位技术人员指导费及授课酬金等。

5.5.4 经费支出应符合现行的财务管理制度。

高职高专教育物业管理专业

顶岗实习标准

1. 总　则

1.0.1　为推动物业管理专业校企合作、工学结合人才培养模式改革，保证顶岗实习效果，提高人才培养质量，特制定本标准。

1.0.2　本标准依据物业管理专业学生的专业能力和知识的基本要求制定，是《高职高专教育物业管理专业教学基本要求》的重要组成部分。

1.0.3　本标准是学校组织实施物业管理专业顶岗实习的依据，也是学校、企（事）业合作建设物业管理专业顶岗实习基地的标准。

1.0.4　物业管理专业顶岗实习应达到的教学目标是：

（1）加深对所学法律法规知识、外语、高等数学、计算机操作、物业管理应用文写作等的文化基础知识、专业理论与实务知识的理解。

（2）具有客户服务能力、房屋及设施设备维修养护操作能力、环境管理与绿化养护操作能力、秩序维护管理能力、获取信息及运用知识能力、学习与创新能力、沟通与协调能力。

（3）具有良好的职业道德，能够理解和掌握社会道德关系以及关于这种社会道德关系的理论、原则、规范；良好的职业情感、敬业精神，对所从事的职业及服务对象保持充沛的热情；良好的职业意志，具有自觉克服困难和排除障碍的毅力和精神；良好的职业理想，对所从事职业未来的发展，保持积极的向往。

（4）遵守国家的法律法规和行业的管理规定、遵守实习企业的各项管理制度和规定、遵守顶岗实习工作的各项操作规程、服从实习企业的工作安排，服从实习企业指导教师的指导和安排、服从学校实习指导教师的指导和安排。

（5）熟悉并融入实习企业的文化，形成与实习企业的文化相适应的职业行为习惯和企业价值观。

1.0.5　物业管理专业的顶岗实习，除应执行本标准外，尚应执行国家的法律法规、行业标准和顶岗实习企业的工作标准，以及《高等职业教育物业管理专业教学基本要求》的要求。

2. 术 语

2.0.1 顶岗实习

指职业院校根据专业培养目标要求，组织学生以准员工的身份进入企（事）业等单位专业对口的工作岗位，直接参与实际工作过程，完成一定工作任务，以获得初步的岗位工作经验、养成正确职业素养的一种实践性教学形式。

2.0.2 顶岗实习基地

指具有独立法人资格，具备接受一定数量学生顶岗实习的条件，愿意接纳学生顶岗实习，并与学校具有稳定合作关系的企（事）业等单位。

2.0.3 顶岗实习学生

顶岗实习学生是指由高等职业院校按照专业培养方案要求和教学计划安排，组织进入到企（事）业等用人单位的实际工作岗位进行实习的在校学生。

2.0.4 顶岗实习指导教师

顶岗实习指导教师分为顶岗实习基地指导教师和学校顶岗实习指导教师。顶岗实习基地指导教师是由顶岗实习基地安排的、负责顶岗实习学生的工作安排、指导和带教的工作人员，一般应为顶岗实习基地的部门经理或主管。学校顶岗实习指导教师是由学校安排的、负责顶岗实习学生的实习情况了解和问题处理，以及学校与顶岗实习基地沟通和联络的专任教师，一般应为讲师及讲师以上职称的教师。

3. 实 习 基 地 条 件

3.1 一 般 规 定

3.1.1 学校应建立稳定的顶岗实习基地。顶岗实习基地应建立在符合顶岗实习条件的具有独立法人资格、自愿接纳学生顶岗实习的物业服务企业单位及相关企（事）业单位。

3.1.2 顶岗实习基地应具备以下基本条件：

（1）有专门的实习管理机构和管理人员。

（2）有健全的实习管理制度。

（3）有完备的劳动安全保障和职业卫生条件。

3.1.3 顶岗实习基地应能提供与本专业培养目标相适应的职业岗位，并宜对学生实施轮岗实训。

3.1.4 顶岗实习基地应具备符合学生实习要求的场所和设施，具备必要的学习及生活条件，并配置具有指导能力、具有中级及以上专业技术职务的专业人员指导学生顶岗实习。

3.2 资 质 与 资 信

3.2.1 顶岗实习基地应是具有良好信誉的企业，企业资质应满足物业服务企业二级及二级以上资质的要求。

3.2.2 对所管理的物业业态良好、经营和管理状况良好、具备优质资源、自愿接纳学生顶岗实习的三级物业服务企业，也可作为顶岗实习基地。

3.3 场 地 与 设 施

3.3.1 顶岗实习基地应比照自身相应岗位员工在工作过程中所具备的场地与设施标准，向顶岗实习学生提供顶岗实习的场地与设施条件。

3.3.2 顶岗实习学生在顶岗实习过程中应具备能够满足其完成顶岗实习工作的场地与设施条件。

3.4 岗 位 与 人 员

3.4.1 顶岗实习基地应具备能够一次性接纳5～10人以上的顶岗实习学生的规模。

3.4.2 顶岗实习基地至少应具有客户服务、物业设施设备维护、环境与秩序维护等3个及以上的工作岗位，能够使学生在不同岗位上进行顶岗实训。

4. 实习内容与实施

4.1 一 般 规 定

4.1.1 学校应根据顶岗实习内容选择适宜的顶岗实习项目。

4.1.2 顶岗实习的内容和时间安排应与专项技能实训、综合实训有机衔接。

4.1.3 顶岗实习岗位应包括客户服务、物业管理员、设施设备管理、环境管理、秩序维护管理岗位，并宜包括品质保障管理、部门经理（主管）助理等岗位。

4.1.4 顶岗实习学生要服从顶岗实习基地各项管理制度和要求；服从顶岗实习基地指导教师的指导和工作安排；严格按照相关工作的规程完成任务；工作过程中善于学习，勤于思考，积极主动，处理和协调好人际关系；认真完成每天的工作记录（工作日志）。

4.2 实 习 时 间

4.2.1 顶岗实习时间不应少于 1 学期，宜安排在第 5 和第 6 学期。各学校宜利用假期等适当延长顶岗实习时间。

4.2.2 各岗位实习时间不宜少于 2 个月。

4.3 实习内容及要求

4.3.1 物业管理岗位的实习内容及要求应符合表 4.3.1 的要求。

物业管理岗位的实习内容及要求 表 4.3.1

序号	实习项目	实习内容	实习目标	实习要求
1	客户服务	（1）前台接待； （2）服务受理与咨询； （3）物业费用收缴； （4）客户投诉处理； （5）档案资料管理	（1）熟悉客户服务的工作内容和过程； （2）掌握客户服务工作的要求； （3）培养和提高客户服务工作的技能	（1）学生上岗实习前，顶岗实习基地应对学生进行必要的形体与礼仪培训； （2）指导教师应让学生明确知晓企业客户服务的制度体系、操作规定和质量控制要求，有关资料的日常管理规定等； （3）指导教师在安排学生工作时，应将工作内容和要求交代清楚，并提供必要的示范
2	物业管理员	（1）入住与装修管理； （2）日常物业服务管理； （3）客户投诉处理； （4）环境与秩序维护管理； （5）资料与信息管理； （6）分包商管理	（1）熟悉物业管理员岗位的工作内容和过程； （2）掌握物业管理员工作的要求； （3）培养和提高物业管理员工作的技能； （4）培养和提高运用管理标准和体系对分包商管理的能力	（1）学生上岗实习前，指导教师应组织学生熟悉物业管理处的设施设备、环境与秩序维护、业主状况等相关情况、管理制度体系； （2）学生在顶岗实习过程中，指导教师应经常性提供工作示范，指导学生开展入住与装修、日常物业服务、客户投诉处理、安全管理、档案资料管理等工作

序号	实习项目	实习内容	实习目标	实习要求
3	设施设备管理	（1）电气设备的维修与保养； （2）给排水设施设备的管理与维护； （3）空调设备的管理与维护； （4）消防和安防系统的管理与维护； （5）供热、燃气、通风、防排烟系统的管理与维护； （6）设施设备的资料整理、归档、日常使用与保管	（1）掌握物业设施设备的技术性能； （2）熟悉设施设备的运行状况； （3）熟悉设施设备的资料管理工作； （4）对设施设备做到会使用、会保养、会检查、会排除故障	（1）指导教师在学生上岗实习前，应组织学生熟悉设施设备的类型和技术性能、运行情况； （2）指导教师在学生上岗实习前应组织学生熟悉设施设备的操作规程和安全规定； （3）指导教师不得安排学生从事高危、有毒有害作业； （4）学生在开展设施设备管理与维护工作过程中，指导教师应经常性提供必要的工作示范
4	环境管理	（1）日常保洁管理； （2）日常绿化管理； （3）保洁和绿化器具的操作与管理； （4）资料与信息管理	（1）熟悉环境管理岗位的工作内容和过程； （2）掌握环境管理工作的要求； （3）培养和提高环境管理工作的操作技能	（1）学生上岗实习前，指导教师指导学生熟悉所在区域的环境（卫生、绿化）情况，以及环境管理重点区域情况； （2）学生应明确知晓指导教师安排工作的要求和提示； （3）指导教师在学生顶岗实习过程中应经常性提供必要的工作示范
5	秩序维护管理	（1）日常安全管理； （2）日常车辆出入及车辆安全管理； （3）停车场及设备管理； （4）安全设施设备管理； （5）资料及信息管理	（1）熟悉秩序维护管理岗位的工作内容和过程； （2）掌握秩序维护管理工作的要求； （3）提高秩序维护管理工作的技能	（1）指导教师在学生上岗实习前应组织学生熟悉秩序维护管理工作的管理制度和操作规程； （2）指导教师应组织学生熟悉车辆管理系统、安全设施等的性能及运行状况； （3）指导教师在学生实习过程中应经常性提供必要的工作示范
6	品质保障管理	（1）部门品质管理； （2）服务质量体系的建设； （3）服务质量投诉处理； （4）资料与信息管理	（1）熟悉品质保障管理岗位的工作内容和过程； （2）掌握品质保障管理工作的要求； （3）培养和提高品质保障管理工作的技能	（1）指导教师在学生上岗实习前应组织学生学习质量管理体系知识、文件、相关标准； （2）指导教师应指导学生做好信息收集和资料管理工作； （3）指导教师应指导学生做好有关质量异常、质量投诉等问题的处理工作
7	部门经理（主管）助理	（1）协助部门经理（主管）工作； （2）完成部门经理（主管）所安排的相关工作任务	（1）熟悉部门经理（主管）助理岗位的工作内容和过程； （2）掌握部门经理（主管）助理岗位工作的要求； （3）培养和提高部门经理（主管）助理岗位工作的技能	（1）学生上岗实习前，指导教师应组织学生熟悉部门工作情况、管理制度体系和工作目标体系； （2）指导教师在学生实习过程中应使学生明确知晓工作要求，并提供必要的工作示范

4.4 指 导 教 师 配 备

4.4.1　学校指导教师应具备中级及以上的专业技术职称，具有实践工作经验和指导学生顶岗实习的能力，每1位指导教师指导的学生数不宜超过15人。学校指导教师应经常保持与顶岗实习学生的联系，帮助学生处理实习过程中所遇到的问题，做好学校与企业之间的联系与沟通工作。

4.4.2　顶岗实习基地应根据学生所在的顶岗实习部门（岗位），至少配备1位具有中、高级职称的主管级或部门经理级的指导教师指导学生顶岗实习。顶岗实习基地指导教师一般应具有相应岗位3～5年的工作经历。顶岗实习基地指导教师应该合理安排顶岗实习学生的工作，对学生严格要求、悉心指导、关心爱护。

4.5 实 习 考 核

4.5.1　学校应与顶岗实习基地共同建立对学生的顶岗实习考核制度，共同制定实习评价标准。

4.5.2　顶岗实习考核应由学校组织，学校、企业共同实施，以企业考核为主。

4.5.3　顶岗实习学生的顶岗实习考核成绩记入毕业成绩，作为评价学生的重要依据。考核结果分优秀、良好、合格和不合格四个等级，学生考核结果在合格及以上者获得学分，学校为其颁发由顶岗实习企业和学校共同认定的《高等职业学校学生顶岗实习经历证书》。

4.5.4　学校应当做好学生顶岗实习材料的归档工作。顶岗实习教学文件和资料包括：（1）顶岗实习协议；（2）顶岗实习计划；（3）学生顶岗实习报告；（4）学生顶岗实习成绩、顶岗实习考核表；（5）顶岗实习日（周）志；（6）顶岗实习巡回检查记录；（7）学生诚信记录。

5. 实 习 组 织 管 理

5.1 一 般 规 定

5.1.1 学校、企业和学生本人应订立三方协议，规范各方权利和义务。

5.1.2 学生实习期间，学校和企业必须按国家有关规定为学生购买意外伤害保险。

5.1.3 顶岗实习前，学校、顶岗实习基地应对学生进行以下教育培训：

(1) 企业的安全与文明管理教育。

(2) 企业管理规章制度教育。

(3) 企业工作规程教育。

(4) 顶岗实习纪律教育。

(5) 企业文化教育。

5.1.4 学校与顶岗实习基地应就学生的顶岗实习共同制定顶岗实习教学计划，按照顶岗实习教学计划完成顶岗实习教学任务。顶岗实习计划的内容应包括：实习教学所要达到的总目标、各实习环节、课题内容、形式、程序、时间分配、实习岗位、考核要求及方式方法等。

5.1.5 学生要求自行选择顶岗实习单位的，必须由学生本人提出申请，提供实习单位同意接收该学生顶岗实习的公函及实习协议，并经学校审核后方可进行实习。学校对自行选择顶岗实习单位的学生应根据具体情况进行实习过程检查。

5.2 各方权利和义务

5.2.1 学校应享有的权利和应履行的义务是：

(1) 进行顶岗实习基地的规划和建设，建立数量适中、布点合理、稳定的顶岗实习基地。

(2) 根据专业培养方案，为学生提供符合要求的顶岗实习岗位。

(3) 全面负责顶岗实习的组织、实施和管理。

(4) 配备责任心强、有实践经验的顶岗实习指导教师和管理人员。

(5) 对顶岗实习基地的指导教师进行必要的培训。

(6) 根据顶岗实习单位的要求，优先向其推荐优秀毕业生。

5.2.2 顶岗实习基地应享有的权利和应履行的义务是：

(1) 建立顶岗实习管理机构，安排固定人员管理顶岗实习工作，并选派有经验的业务人员担任顶岗实习指导教师，承担业务指导的主要职责。

(2) 负责对顶岗实习学生工作时间内的管理。

(3) 参与制定顶岗实习计划。

(4) 为顶岗实习学生提供必要的住宿、工作、学习、生活条件，提供或借用劳动防护用品。

(5) 享有优先选聘顶岗实习学生的权利。

（6）依法保障顶岗实习学生的休息休假和劳动安全卫生。

5.2.3　顶岗实习学生应享有的权利和应履行的义务是：

（1）遵守国家法律法规和顶岗实习基地规章制度，遵守实习纪律。

（2）服从领导和工作安排，尊重、配合指导教师的工作，及时反馈相关意见和建议，与顶岗实习基地员工团结协作。

（3）认真执行工作程序，严格遵守安全操作规程。

（4）依法享有休息休假和劳动保护权利；

（5）遵守保密规定，不泄露顶岗实习基地的技术、财务、人事、经营等机密。

（6）顶岗实习学生对在实习期间接触到的有关顶岗实习基地研究和工作成果、财务、人事等方面的机密予以保密，如有泄露，顶岗实习学生应承担责任。

（7）顶岗实习学生在顶岗实习基地实习期间所产生的一切工作成果均属顶岗实习基地，如顶岗实习学生需要将实习期间的工作成果作为研究课题成果的，或将其应用于顶岗实习工作以外的任何用途，均需与顶岗实习基地协商并征得其同意。

5.3　实习过程管理

5.3.1　顶岗实习学生在顶岗实习过程中，学校应当对学生顶岗实习的单位、岗位进行巡视。了解顶岗实习学生实习岗位的工作性质、工作内容、工作时间、工作环境、生活环境以及健康、安全防护等方面的情况。

5.3.2　学校和顶岗实习基地应共同做好顶岗实习期间的教育教学工作，对顶岗实习学生开展职业技能教育，开展敬业爱岗、诚实守信为重点的职业道德教育，开展企业文化教育和安全生产教育。

5.3.3　学校和顶岗实习基地应当建立定期信息通报制度。学校和顶岗实习基地指导教师要定期向学校和顶岗实习基地报告学生顶岗实习情况，遇到重大问题或突发事件，顶岗实习指导教师应及时向学校和顶岗实习基地报告。

5.3.4　学校和顶岗实习基地应做好学生在实习期间的住宿管理工作，保障学生的住宿安全。

5.3.5　顶岗实习指导教师应当建立顶岗实习日志，定期检查顶岗实习情况，及时处理顶岗实习中出现的有关问题，确保学生顶岗实习工作的正常秩序。

5.3.6　学校应该充分运用现代信息技术，构建信息化顶岗实习管理平台，与顶岗实习基地共同加强顶岗实习过程管理。

5.4　实习安全管理

5.4.1　学校和顶岗实习基地应对顶岗实习学生进行安全生产教育和培训，保证顶岗实习学生具备必要的安全生产知识和自我保护能力，掌握本岗位的安全操作技能。未经安全生产教育和培训的顶岗实习学生，不得顶岗作业。

5.4.2　学校应当根据国家有关规定，并针对自身专业设置、教学安排等实际情况，为顶岗实习学生投保与其实习岗位相对应的学生实习责任保险。保险责任范围应当覆盖学生实习活动的全过程。学校与企业达成协议由顶岗实习基地支付投保经费的，顶岗实习基地支付的实习责任保险费据实从顶岗实习基地成本（费用）中列支。

5.4.3 顶岗实习基地应当根据接收顶岗实习学生实习的需要，建立、健全本单位安全生产责任制，制定相关安全生产规章制度和操作规程，制定并实施本单位的生产安全事故应急救援预案，为顶岗实习场所配备必要的安全保障器材。

5.4.4 学校应当与顶岗实习基地协商，为顶岗实习学生提供必需的食宿条件和劳动防护用品，保障学生实习期间的生活便利和人身安全。

5.4.5 顶岗实习期间学生人身伤害事故的赔偿，应当依据《中华人民共和国侵权责任法》和教育部《学生伤害事故处理办法》等有关规定处理。

5.5 实习经费保障

5.5.1 学校必须保障顶岗实习经费的落实。在顶岗实习工作开展之前，应当做好顶岗实习经费的预算、审核和落实工作。

5.5.2 顶岗实习经费的使用应严格遵循国家有关经费使用规定。实习经费开支范围可包括：实习教学指导教师的交通费、住宿费、补助费，学生意外伤害保险费，实习教学资料费，实习单位的实习教学管理费、参观费，聘请实习教学单位技术人员指导费及授课酬金等。

本标准用词说明

为了便于在执行本导则条文时区别对待，对要求严格程度不同的用词说明如下：

1. 表示很严格，非这样做不可的用词：

正面词采用"必须"；

反面词采用"严禁"。

2. 表示严格，在正常情况下均应这样做的用词：

正面词采用"应"；

反面词采用"不应"或"不得"。

3. 表示允许稍有选择，在条件许可时首先应这样做的用词：

正面词采用"宜"或"可"；

反面词采用"不宜"。

附　录

1. 顶岗实习任务书及实习计划（格式）

一、目标要求

顶岗实习是理论联系实践的教学环节。学生通过参加顶岗实习，使课堂上学到的理论知识及操作技能和实际工作相结合，进一步提高学生认识社会和适应毕业后工作的能力，为今后的工作做准备。

二、实习岗位

实习岗位包括×××岗位、×××岗位，以及专业相关的岗位。

三、实习内容

×××专业顶岗实习内容

序号	实习项目	工作任务	职业技能与素养
1			
2			

四、实习时间安排

顶岗实习时间总计××周。可以结合实习单位的实际情况，参与多项实习内容，单项实习内容的时间不少于××周。

五、提交的实习成果

顶岗实习结束后，需提交实习成果，成果包括：

1. 实习日记：学生每天须简明记叙和整理当天实习内容或心得体会，并加以分析。

2. 实习报告：实习结束后随交 1 份实习报告——即实习成果汇报，字数不少于2000 字。

3. 由实习单位对学生实习情况作出鉴定（盖章）。

4. ×××××。

六、成绩评定

顶岗实习成绩由校内指导教师和企业指导教师根据学生实习的平时表现、实习日记、实习报告和××××，共同评定。

成绩采用优（90～100 分）、良（80～89 分）、中（70～79 分）、及格（60～69 分）、不及格（60 分以下）的五级记分制。

七、实习要求

（一）思想道德要求

1. 顶岗实习学生应端正学习态度，树立正确的人生观。

2. 培养爱岗敬业、踏实肯干的工作作风，热爱本职工作。

3. 认识社会、融入社会，养成良好的社会责任感。

4. 培养谦虚好学、与人合作的团队精神，在竞争中磨练自己、在合作中提高自己。

（二）业务要求

1. 顶岗实习前，学生应系统复习与实习岗位相关的专业理论知识，熟悉有关标准规范。

2. 学生应了解实习岗位的工作职责和应具备的知识、技能和素质。

3. 顶岗实习期间，学生应按××员的标准要求自己，以××员的角色深入到实际岗位工作中，并虚心向指导师傅学习请教。

4. ××××。

（三）纪律要求

1. 学生应自觉遵守国家法律法规和实习单位的规章制度，维护实习教学秩序。

2. 学生不得无故不参加毕业实习，如确因特殊情况不能参加实习者，由个人提出申请，家长同意，并报系部批准。实习过程中，应严格遵守作息制度，不得迟到、早退；有事必须按实习单位的有关规定办理请假手续。

3. 严格遵守操作规程、劳动纪律，爱护劳动工具、仪器设备，保证实习安全，如有违反，根据情节轻重给予批评教育、纪律处分直至开除学籍。

4. 凡中途要求变更实习单位的学生，必须书面提出申请，提前两周报系部审批。

（四）其他

1. 学校或指导教师通知学生到校时，每个学生应该按时返校，不得随意缺席。

2. 学生应通过各种联系方式，每周至少和指导老师联系一次，汇报实习情况。

2. 顶岗实习总结报告（格式）

××××××职业技术学院

学生顶岗实习总结报告

专业＿＿＿＿＿＿＿＿＿

班级＿＿＿＿＿＿＿＿＿

姓名＿＿＿＿＿＿＿＿＿

学号＿＿＿＿＿＿＿＿＿

二〇一　　年　月

×××印制

一、顶岗实习基本情况

实习单位及地点	
工程（项目）名称	
学校指导教师	
企业指导教师	
实习起止时间及分岗位实习时间	
顶岗实习主要工作经历（分岗位描述）	

二、顶岗实习评价

自我评价	本人签名： 年　　月　　日
实习小组评价	建议实习成绩等级： 小组长签名： 年　　月　　日
学校指导教师评价	建议实习成绩等级： 所有指导教师签名： 年　　月　　日
企业指导教师评价	建议实习成绩等级： 所有指导教师签名： 年　　月　　日
实习单位评价	单位公章 年　　月　　日
顶岗实习总评成绩	评定人签名： 年　　月　　日

三、顶岗实习技术总结

顶岗实习期间参与的技术工作及从中学到的知识（4000 字以上）

四、顶岗实习思想道德总结

思想观念、职业道德、团队合作、工作方法等方面的收获（500 字以上）

五、对顶岗实习的意见和建议

顶岗实习组织安排、实习内容、考核方法等方面的意见和建议

3. 顶岗实习三方协议书（格式协议）

顶岗实习三方协议书

甲方（学生）：

学生姓名：　　　　　　　　专业班级：

学　　号：　　　　　　　　联系方式：

乙方（学校）：

学校名称：

指导教师姓名：　　　　　　联系方式：

丙方（企业）：

企业的名称：

地　　　址：

法定代表人（或主要负责人）：

指导教师姓名：　　　　　联系方式：

为了确保顶岗实习的顺利进行和健康发展，根据国家有关规定，经三方协商，特签订本协议。

一、实习时间及地点

实习时间：自＿＿年＿＿月＿＿日至＿＿年＿＿月＿＿日。

实习地点：

二、各方权利和义务

（一）甲方的权利和义务

1. 遵守国家法律法规和顶岗实习基地（单位）规章制度和安全管理规定，遵守实习纪律。

2. 服从领导和工作安排，尊重、配合指导教师的工作，及时吸收实习的反馈意见和建议，与顶岗实习基地（单位）员工团结协作。

3. 认真执行工作程序，严格遵守安全操作规程。

4. 依法享有休息休假和劳动保护权利。

5. 遵守保密规定，不泄露顶岗实习基地（单位）的技术、财务、人事、经营等机密。

6. 学生在顶岗实习期间所形成的一切工作成果均属顶岗实习基地（单位），若将其应用于顶岗实习工作以外，需获得顶岗实习基地（单位）的同意。

（二）乙方的权利和义务

1. 进行顶岗实习基地的规划和建设，根据专业性质的不同，建立数量适中、布点合理、稳定的顶岗实习基地（单位）。

2. 根据专业培养方案，为学生提供符合要求的顶岗实习岗位。

3. 全面负责顶岗实习的组织、实施和管理。

4. 配备责任心强、有实践经验的顶岗实习指导教师和管理人员。

5. 对顶岗实习基地（单位）的指导教师进行必要的培训。

6. 根据顶岗实习单位的要求，优先向其推荐优秀毕业生。

7. 学校和指导教师应对学生的住宿环境进行评估（在实习单位住宿时），消除安全隐患，制定安全预案。

8. 学生实习期间，学校应按国家有关规定购买意外伤害保险。

（三）丙方的权利和义务

1. 建立顶岗实习管理机构，安排固定人员管理顶岗实习工作，并选派有经验的专业人员担任顶岗实习指导教师，承担业务指导的主要职责。

2. 负责对顶岗实习学生进行工作时间内的管理。

3. 参与制定顶岗实习计划。

4. 为甲方提供必要的住宿、工作、学习、生活条件，提供或借用劳动防护用品。

5. 享有优先选择录用顶岗实习学生的权利。

6. 依法保障顶岗实习学生的休息休假和劳动安全卫生。

三、实习待遇

1. 实习期间，丙方向甲方提供/不提供早餐/中午/晚上工作餐；发放/不发放实习津贴，津贴标准按＿＿＿＿＿执行。

2. 除上述实习津贴和甲、丙方另有约定以外，实习期间甲方不享受丙方员工的工资、劳保福利等任何待遇，也不享受工伤待遇。

四、协议的生效

1. 本协议自甲、乙、丙三方签字之日起生效。

2. 协议未提及事项，应执行相关法律法规、管理规定，或由三方另行协商解决，并订立补充协议。

3. 本协议执行过程中如发生争议，三方应友好协商。如协商不成功，交由丙方所在地管辖人民法院裁决。

五、协议的终止与解除

1. 按教学计划安排的顶岗实习结束时间为本协议的终止时间。协议期内，甲、乙、丙三方均不得擅自终止本协议。任何一方如需解除协议，均应提前两周通知其他两方，获得其他两方同意并签署书面终止协议，否则应视为违约。违约方须向守约方赔偿经济损失。

2. 甲方违反本协议二（一）条有关甲方责任、权利和义务的规定，丙方可提前终止本协议，但应及时通知乙方并说明原因，由此产生的甲方经济损失和其他后果，由甲方负责。

本协议一式三份，甲乙丙三方各执一份，三方签章后生效。

甲 方：（学生签字）　　　乙 方：（公章）　　　丙 方：（公章）

　　　　　　　　　　　　乙方代表（签字）：　　　丙方代表（签字）：

　年　月　日　　　　　　年　月　日　　　　年　月　日